● 上海市科技兴农重点攻关项目沪农科攻字（2015）第 6-4-1 号
"近红外光谱桃果实糖度反演模型研究及传感器研制"资助

黄桃果实品质高光谱无损检测

◎田明璐　　班松涛　　李琳一　　王运圣　著

中国农业科学技术出版社

图书在版编目（CIP）数据

黄桃果实品质高光谱无损检测／田明璐等著．—北京：中国农业科学技术出版社，2020.8

ISBN 978-7-5116-4877-8

Ⅰ.①黄…　Ⅱ.①田…　Ⅲ.①桃-水果加工-光谱分辨率-无损检验　Ⅳ.①TS255.7

中国版本图书馆 CIP 数据核字（2020）第 135691 号

责任编辑　陶　莲
责任校对　李向荣

出 版 者　中国农业科学技术出版社
　　　　　北京市中关村南大街 12 号　邮编：100081
电　　话　（010）82106625（编辑室）　（010）82109702（发行部）
　　　　　（010）82109709（读者服务部）
传　　真　（010）82106625
网　　址　http：//www.castp.cn
经 销 者　各地新华书店
印 刷 者　北京建宏印刷有限公司
开　　本　710mm×1 000mm　1/16
印　　张　7
字　　数　126 千字
版　　次　2020 年 8 月第 1 版　2020 年 8 月第 1 次印刷
定　　价　88.00 元

上海市科技兴农重点攻关项目
"近红外光谱桃果实糖度反演模型研究及传感器研制"
资助

《黄桃果实品质高光谱无损检测》
著者名单

主　　著：田明璐　　班松涛　　李琳一
　　　　　王运圣
参著人员：徐识溥　　刘　勇　　王彦宇
　　　　　胡雯雯　　袁　涛

前　　言

随着人们生活水平的提高，消费者对水果质量要求越来越高，尤其是内在品质越来越受到消费者重视。优质、高产、高效、生态是当今世界水果生产和消费的总趋势，受到各国广泛关注。中国水果产业已进入了提高品质、推行品牌战略的发展阶段，需要不断加大科技支撑力度，助力水果产业健康转型。传统的水果内在组分检测方法往往需要对被检测对象进行破坏性采样，因此只能进行少量抽样检测，且检测过程费时费力，难以实现批量化、自动化的检测和在线实时检测；研究适用于水果内在组分快速无损检测的技术与设备，在果树生长培育过程中能够实时辅助监测果实生长状况，便于及时有效地调整种植管理措施；在加工过程中可以辅助开展果实品质分级；在销售过程中也能够提高管理部门检测效率，对水果产业的发展具有重要意义。

随着高光谱技术的发展，利用高光谱对果实品质进行无损检测成为一个重要的趋势。高光谱技术集中了光学、电子学、计算机科学及信息处理技术等科学，能检测果实物理结构、化学成分等。这种能获得果实品质信息的无损检测技术具有广阔的应用前景。由于不同种类的果实形态结构千差万别，甚至同种果实的不同品种之间也不尽相同。基于反射光谱的无损检测技术只能通过果实表面反射光谱反演其理化信息，因此，不同种类果实、同种果实不同品种所适用的光谱检测模型也不同，需要针对每一种果实、每一个品种单独建模。

本书以黄桃为研究对象，通过分析黄桃糖度与反射光谱的相关关系，建立黄桃糖度高光谱反演模型，使用高光谱技术对黄桃糖度开展无损检测方法的探索，可推动黄桃品质的自动在线检测与分级技术在生产中的应用，有助于实现水果分级，提高经济效益。全书包括5个部分，第1部分简要介绍高光谱检测技术的原理；第2部分介绍高光谱检测技术和方法；第3部分为黄桃糖度高光谱检测研究的概述；第4部分介绍黄桃糖度的高光谱特征；第5部分介绍黄桃高光谱反演模型。本书以主要篇幅论述黄桃糖度的高光谱特征和反演模型，对黄桃糖度在不同类型光谱上的波谱特征、不同类型光谱参数特征、多种反演模型的构建方法、不同类型模型的精度比较进行了较为详细和全面的阐述。

本书的编写出版由上海市科技兴农重点攻关项目［沪农科攻字（2015）第6-4-1号］的资助，作者所在单位的领导、同事给予极大的帮助和支持，其中：班松涛同志在实验设计、室内试验、数据整理分析和模型构建等方面做出了大量贡献；李琳一研究员在本书框架设计和试验技术指导等方面做了大量工作；王运圣研究员在项目设计、项目实施、实验管理和书稿统筹等方面做了大量工作；徐识溥、刘勇、胡雯雯等同志在室外实验材料获取、室内试验及数据整理等方面贡献显著；王彦宇、袁涛等多名科研工作者也在实验过程中付出了大量贡献。本项目持续五年，实验项目繁多，数据工作繁复，实验工作繁重。没有以上同志的付出无法顺利完成，在此对为这本书做出贡献的所有学者致以最衷心的感谢。

由于水平所限，书中可能存在不足之处，敬请读者不吝指正。

著　者

2020 年 6 月于上海

目　　录

1 高光谱检测技术原理

高光谱检测技术，是在不破坏被检测物体的前提下，在很多很窄的波段上使用一定的仪器设备，接收、记录物体反射或发射的电磁辐射信息，经过对电磁辐射信息的传输、加工处理、分析与解译，从而对物体的理化性质进行探测和识别的理论与技术。高光谱检测技术基础是测谱学。高光谱传感器能够获取被测量物体数百个窄波段的光谱信息，波段宽度通常小于 10nm，能够生成一条连续而完整的光谱曲线，其中包含着被测物体丰富的理化性质相关信息。

由于高光谱检测方便有效，所以被广泛应用到水果、谷物等农产品质量测量，与理化分析方法相比，高光谱分析技术具有样品无须预处理、样品无损、可多指标同时检测、检测速度快等特点，具有很好的应用前景。

高光谱检测是一种新型的交叉学科，建立在传感器、计算机等技术之上，涉及电磁波理论、光谱学、电子工程、信息学、化学等多门学科。其中电磁波理论是最重要的物理基础。电磁辐射是高光谱检测的能源，是传感器与远距离目标联系的纽带。高光谱检测的本质是通过传感器接收物体反射、发射的电磁辐射信息，进而解译成为物体理化性质。本章对电磁辐射的基本性质、电磁辐射与物体的相互作用、物体的波谱特性、高光谱等方面进行介绍，作为理解高光谱检测技术的基础。

1.1 电磁辐射

电磁辐射是自然界中的一种物质，以"场"的形式存在，具有质量、能量和动量。电磁辐射与物质相互作用中，既反映波动性，又反映出粒子性。电磁辐射的波动性充分表现在其干涉、衍射、偏振等现象中；而在光电效应、黑体辐射中，则显示出粒子性。也就是说，电磁辐射是一种高速运动的粒子流，在空间的传播具波动性。

1.1.1 电磁辐射的波动性

假设在空间某处有一个电磁振源（电磁辐射源），则在它的周围便存在由变速运动的带电粒子引起的交变的电场。这一交变电场周围将激发起交变的磁场，而交变磁场周围又激起交变电场。变化的电场和磁场，相互激发交替产生，形成电磁场，交变电磁场在空间的传播，形成电磁能量的波，即电磁波。

麦克斯韦把电磁辐射抽象为一种以速度 v 在介质中传播、伴随变化的电场和磁场的横波，振动着的是空间里的电场强度矢量 E 和磁场强度矢量 H，其传播方向与交变的电场、磁场三者互相垂直。电场振幅变化的方向垂直于它的传播方向，而磁场随电场传播方位在电场的右侧（图1-1）。

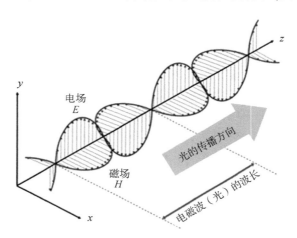

图1-1 电磁波（光）的传输示意

单色光的波动性可用波函数来描述，通常电磁波有以下3个属性参数。

1.1.1.1 波长

波长是指波在一个振动周期内传播的距离，即沿波的传播方向，两个相邻的同相位点（如波峰或波谷）间的距离，通常用希腊字母 λ 表示。如图1-1所示。波长常用人们熟悉的长度单位来度量，只是往往将之划分得很小，如米（m）、厘米（cm）、毫米（mm）、微米（μm）、纳米（nm）等。

1.1.1.2 频率

频率是指单位时间内，完成振动或振荡的次数或周期，即在给定时间内，通过一个固定点的波峰数，它常以赫兹（Hz）为单位，用希腊字母 ν 表示。在真空中电磁波以光速传播，且它们的波长（λ）与频率（ν）满足如下关系。

$$C = \nu\lambda \qquad (1-1)$$

式中，C 为光速，$C = 2.998 \times 10^8 m/s$。在大气中电磁波小于光速但接近于光速传播。

一般可用波长或频率来描述或定义电磁波谱的范围。在高光谱检测中，多用波长来描述波谱范围。当电磁波进入物体时，其频率不发生改变，但波长将随传播速度的改变而变化。

1.1.1.3 振幅

振幅被定义为振动物理量偏离平衡位置的最大位移，即每个波峰的高度，或每个波长间隔的能量级，表示电场振动的强度。振幅常用能量级别来衡量，正式术语为光谱辐照度。

1.1.2 电磁辐射的粒子性

电磁辐射的波动学说在解释电磁辐射在真空中的传播、光电效应等现象时遇到了困难，这些现象表明电磁辐射除了它的连续波动状态外，还能以离散形式存在。物理学研究证明，电磁辐射的过程是有质量的粒子的运动过程，这种运动携带一定的能量，并且在时空上具有不连续的随机性。这些粒子只能不连续地一份份地吸收或发射辐射能量，即为能量的量子化。能量与动量是粒子的属性，其分布的量子化是粒子的基本特征。电磁辐射能量量子化的最小单位是光子。光子也是一种基本粒子，具有一定的能量和动量。

普朗克发现电磁辐射能量以离散单元形式（光子、量子）被吸收和发射，并用模型来说明光电效应，指出电磁辐射能量的大小直接与电磁辐射的频率成正比，可表示为：

$$Q = h\nu \qquad (1-2)$$

代入反映频率与波长关系的公式，把电磁辐射的波模式与量子模式联系起来，表示为：

$$Q = hC/\lambda \qquad (1-3)$$

式中，Q 为辐射能量，单位为 J；ν 为辐射频率；h 为普朗克常数，取值为 $6.626 \times 10^{-34} J \cdot s$；$C$ 为光速，取值为 $2.998 \times 10^8 m/s$。

公式 1-3 表明，电磁辐射的能量与其波长成反比，即波长越长，辐射能量越低。

1.1.3　电磁辐射的波粒二象性

电磁辐射的波动性理论将电磁辐射的传播描述为一种光滑连续的波，具备波长、频率、振幅等波的基本属性。在此基础上，麦克斯韦理论成功地解释了电磁辐射在传播过程的各种现象，如折射、绕射等。按照波动性理论，电磁波的强度与其振幅、频率、辐射时间等表现出正相关。

电磁辐射的粒子性把电磁辐射描述为一种微粒，即将电磁辐射离散化、量子化为具有一定的能量和动量的光子。按照电磁辐射的粒子性理论，电磁辐射的强度取决于单位时间内通过界面的光子数目，即光子流密度。光子流密度不会改变光电子的最大动能，只影响光电流的大小。

在经典物理学中，"波"与"粒子"是完全不同的两个概念："粒子"是具备体积和质量的实体，能够用轨迹来描述其运动；而"波"在空间是连续分布的，在其传播过程中会产生干涉和衍射等现象，服从叠加性原理。但电磁辐射的波动性与粒子性是对立统一的，其传播过程中会同时表现出连续和离散的现象，在一定条件下也可以相互转化。这称为电磁辐射的波粒二象性。对于某种特定波长的电磁波，在一些实验中会表现出典型的粒子性，但在另一些实验中会表现出明显的波动性。例如在光电效应中电磁辐射主要表现为粒子性，但也保留了一些诸如频率、波长等波动性的特征。而在光和电子束的单缝衍射实验中，只要光子或电子的数量足够大，不论光子或电子逐个通过单缝，或是同时通过单缝，它们在接收板上的分布和衍射花纹的分布都符合波动理论的预言，即统计意义上的平均分布。

电磁辐射的波动性和粒子性可以通过统计理论联系起来。按照概率论，电磁波在某个时刻、某个空间位置的强度就是这个时刻在该位置发现光子的概率，也就是说，波可以理解为光子流的统计平均，而粒子是波动的量子化。电磁辐射在传播的过程中主要表现出波动性，遵守波的运动规律；当电磁辐射与物质作用时，主要表现出粒子性。电磁辐射波粒二象性的表现主要受到波长的影响，波长较长、能量较小的电磁辐射的波动性较为明显；而波长较短，能量较大的电磁辐射的粒子性更为显著。

1.1.4　电磁辐射的波谱

从电磁辐射的波动性出发，γ 射线、X 射线、紫外线、可见光、红外线、无线电波、工业用电等都是电磁波，在本质上基本相同，主要的差异在于波长和频率。为了便于比较不同电磁辐射的内部差异并对其进行描述，按照波长（或频率）大小，依次排列，称为电磁波谱，如图1-2所示。不同波长的电磁波谱既有共同特点也有差异，各波长范围的电磁波的主要特点如下。

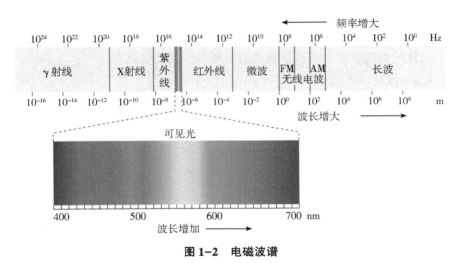

图1-2　电磁波谱

1.1.4.1　γ射线

γ射线的波长<0.03nm，一般是由放射性元素的原子核跃迁所产生，波长短，频率高，具有很高的能量和穿透性。

1.1.4.2　X射线

X射线的波长范围为0.03~3nm，由原子内层电子跃迁产生，可因固体受到高速电子冲击形成，能量较大，贯穿能力较强。

1.1.4.3　紫外线

紫外线波长范围为3~380nm，由原子或分子外层电子跃迁产生。按波长大小，还可以分为近紫外（300~380nm），远紫外（200~300nm）和超远紫外（3~200nm）。紫外线能量较强，粒子性明显。

1.1.4.4　可见光

可见光波长 λ 的波长范围为380~760nm，由分子的外层电子跃迁产生，是仅有的能够被人类的眼睛观察到的电磁波区域。可见光也具有比较高的能量，能够产生光化作用和光电效应。可见光通过透镜会发生聚焦；全波段的可将光通过棱镜会发生色散，分解成为赤、橙、黄、绿、青、蓝、紫等色光波段。

1.1.4.5 红外线

红外线波长范围为 $0.76 \sim 1\,000\,\mu m$，由分子振动与转动产生，按波长大小可分成近红外（$0.76 \sim 3\,\mu m$），中红外（$3 \sim 6\,\mu m$），远红外（$6 \sim 15\,\mu m$）、超远红外（$15 \sim 300\,\mu m$）和赫兹波（$300 \sim 1\,000\,\mu m$）。人的眼睛无法感知红外线。红外线也能够聚焦、色散和反射，可以引发光电效应。

1.1.4.6 微波

微波波长范围为 $0.1 \sim 100\,cm$，是由固体金属分子转动产生的。微波按波长又可分为毫米波、厘米波和分米波，其特点是能穿透云雾、冰层和地面松散层，其他的辐射和物体对微波干扰小。物体辐射出的微波的能量很弱，因此对传感器的灵敏度要求较高。

1.1.4.7 无线电波

波长大于 $100\,cm$ 的电磁波一般划归到无线电波的范围，由电磁振荡电路产生，波长较长，能量较弱，在通信领域有着广泛应用。

实际上整个电磁波波谱是连续的，各类电磁波波段的分界点并不十分严格，也没有非常统一的划分标准，相邻的波区之间也有相当的重叠。电磁波谱中的高频波段，如从 γ 射线到大部分的紫外线具有明显的粒子性特征；而低频波段，如大部分红外线、微波、无线电波，具有明显的波动性特征；处于中间波段的可见光、部分紫外线和红外线，则具有明显的波粒二象性。在整个电磁波谱中，可见光能够直观地反映出与人类观察相一致的物体性质；红外线（特别是近红外线）由分子振动产生，物体的近红外光谱包含了其化学组成的分析结构，而其组成含量与性质参数也与其分子结构信息密切相关。因此，可见光和近红外波段在物体理化性质和成分的高光谱检测中有着重要作用。

1.1.5 电磁辐射与物体的相互作用

在高光谱检测中，从辐射源发出的电磁辐射，经过自由空间的传播，到达物体表面，经过与物体的作用，又到达传感器上。电磁辐射与物体接触便会进行能量的交换，发生相互作用。作用的结果使入射的电磁辐射发生变化。不同性质的物体，由于组成它们的物质结构不同（分子、原子），与电磁辐射发生作用时，这些分子和原子在旋转和振动过程中产生的能级跃迁性能不同，所反射或吸收的电磁波频率也不一样。这些差异便构成了利用光谱分析物体成分和理化性质的依据。

电磁辐射与物体发生作用之后主要在强度、波长或频率、方向、相位等方面发生变化，表现形式为物体使入射的电磁辐射发生反射、透射、吸收和再发射等。电磁辐射和物体相互作用的本质是：入射到物体的电磁辐射使物体表面的自由电荷和束缚电荷发生振荡运动，这种运动转而辐射出次级场返回初始介质或者向前进入第二种介质。根据能量守恒律，入射的电磁辐射量等于作用后辐射量。

1.1.5.1 电磁辐射的反射

任何物体都有反射与自身特有频率不同的外来辐射的能力。电磁辐射与物体作用后，产生的次级波返回原来的介质，这种现象就称为反射，该次级波便称之为反射波。

电磁辐射被某个特定物体反射后，反射波的强度在整个电磁波谱范围内差异显著。反射波是入射电磁辐射的波长、入射角、偏振和物体本身性质的函数，反射强度主要与物体的电学性质、磁学性质，以及物体表面粗糙程度有关。

物体反射电磁辐射的能力可以用反射系数（反射率）来表示。反射系数是反射的电磁波矢量振幅与入射的电磁波矢量振幅的比值，其实质是入射角、物体的介电常数以及磁导率的函数。不同物体的结构不同，介电常数和磁导率不一样，因此入射角相同情况下，不同物体会有不同的反射系数，这种反射系数的差别就是判别物体性质的依据。

根据物体对反射的影响，将物体的表面分为光滑表面和粗糙表面。两者的划分以入射波波长为标准，入射电磁辐射的波长决定了反射表面的粗糙度。同一物体的表面对不同的波长可显示不同的粗糙度。一般说来，当入射波的波长远大于物体表面的颗粒度时，该表面属光滑表面；当入射波的波长远小于物体表面起伏度或构成表面的颗粒度时，该表面就是粗糙表面。另外，物体表面的粗糙度也与入射角度有关，入射角越大，表面的粗糙度越小；入射角越小，则粗糙度越大。

根据物体粗糙度的不同，反射波的类型分为镜面反射和漫反射两种。由光滑表面产生的反射叫镜面反射，具高度的方向性，能量集中向相反方向反射，且反射角等于入射角。粗糙表面上产生的反射称漫反射，入射能量以入射点为中心，在整个半球空间内向四周各个方向都有反射，又称朗伯反射，或各向同性反射。

物体的实际表面既非镜面，也不是粗糙表面，所以电磁辐射在各个方向上都有反射，但在某一方向，反射波要强一些，这种现象称为方向反射，方向反射相当复杂，其反射率是入射角、反射角、入射方位角和反射方位角的函数。

1.1.5.2 电磁辐射的发射

任何物体都具有吸收外来电磁辐射的能力。物体把吸收的能量经转化后，以辐射的形式发射出来，物体的发射是与其吸收外来电磁辐射紧密联系的。在给定温度下，物体对任一波长的发射本领和它的吸收本领成正比。物体的反射率大，发射率就小；反之，反射率小，发射率就大，这两个参数不仅是温度、波长的函数，且与物体的性质有关。

综上所述，高光谱检测传感器接收到的物体的电磁辐射信息同时包含了物体的反射光谱和发射光谱，这些光谱综合反映了物体的各种性质。

1.2 物体的波谱特性

物体都能够反射和发射电磁辐射，但对于不同的波长，物体反射或发射电磁辐射的能力是有差异的，这种辐射能力随波长改变的特性称为物体的波谱特性。不同物体由于其内部组成物质和表面状况不同具有不同的波谱特性，这种差异通过传感器探测记录下来，成为鉴别物体性质的依据。因此，对物体波谱特性的研究和测定是高光谱检测技术的重要组成部分。

物体对电磁辐射的反射能力与入射的电磁辐射的波长有十分密切的关系，不同的物体对于某个特定波长的电磁辐射有不同的反射能力，同一个物体对不同波长的电磁辐射也具有不同的反射能力。把物体对不同波长电磁辐射反射能力的变化，或物体的反射系数（反射率）随入射波长的变化规律叫作该物体的反射波谱。物体的反射波谱可以用曲线来表示，称为反射波谱曲线。反射波谱曲线以横轴为波长、以纵轴为反射率的直角坐标系来表示。图1-3为集中不同类型的农作物和土壤的反射波谱曲线。

高光谱检测技术中电磁辐射能量都来自特定的光源，一般覆盖从可见光到近红外（300~2 500nm）的光谱区间，因此被测物体的反射波谱特征的波长范围也在此区间。

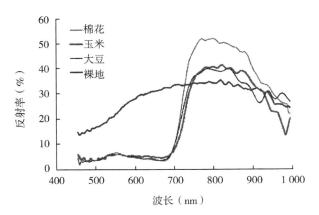

图 1-3　不同类型物体的反射波谱曲线

1.3　高光谱

　　高光谱中的"高"指的是记录物体反射电磁辐射的传感器的光谱分辨率高。光谱分辨率是指传感器在波长方向上的记录宽度，也可以称为波段宽度，如图 1-4 所示，纵坐标表示传感器的光谱响应，横坐标表示波长。分辨率可以被严格定义为传感器达到光谱响应最大值的一半时的波长宽度。传感器光谱分辨率也常用波段数、波长及波段宽度等表示，也就是选择的通道

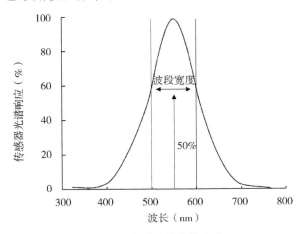

图 1-4　光谱分辨率的定义

数、每个通道的波长和带宽。一般来说传感器的波段越多，频带宽度越窄，所包含的信息量越大。

高光谱传感器可以获取整个可见光至近红外范围内很窄波段范围内的连续光谱，光谱分辨率一般可以达到 10nm 以内。因此，高光谱传感器测得的物体反射光谱具有非常高的精度，能够反映物体因结构和成分不同造成的反射光谱上的细微差异。

1.4　高光谱检测原理

根据电磁波物理性质，可以将光谱区域按波长划分为可见光谱区域和近红外光谱区域，可见光谱区域波长在 325~780nm。近红外光谱区域波长在 780~2 526nm，以 1 100nm 为分界点，又可将近红外光谱区域划分为近红外短波区域和近红外长波区域。当光照射到待测样本上、与样本发生作用后，一部分光在样本表面发生镜面反射，另一部分光进入样本发生透射、散射及吸收。其中进入样本内部的光发生多次折射、反射、衍射及吸收；被吸收的这部分光能会导致有机物内部的分子产生振动跃迁，当所研究的样本的分子经过吸收光能量后可经过基频跃迁到达激发态，到达激发态的分子每次再以振动跃迁的频率到达下一能级，经过分子吸收光能与入射光振动的耦合，在样本分子和入射光之间进行能量交换，最后又返回到样本表面的光。不同的物质在光谱中的吸收和反射特征是不同的，这是因为不同物质的成分不同，每个物质都存在特定的吸收和反射特征，以此会形成光谱信息。因此，对经过光照射后的样本采集到的光谱就携带了其内部的组分结构信息。高光谱传感器获取到的电磁波的波长覆盖从可见光到近红外的范围，利用传感器收集这些光信号就能够对样本的组分进行分析。

由于光谱蕴含着样本物理化学性质的信息，所以只要在光谱和样本的被测物理化学特性之间建立数学关联，就可以获得被测物体的物理化学性质。光谱分析方法就是利用各种物质组分对特定频率的光产生差异性吸收的特点结合化学计量学方法实现对物质组分进行定量和定性分析。水果中的可溶性固形物、维生素、各种有机酸等内部成分物质都包含有 C-H、N-H、O-H 等含氢基团，通过分析其光谱特征就可以对这些内部成分进行定量分析。

2 高光谱检测技术与方法

高光谱检测技术一般是由光谱传感器硬件和校正模型（或称分析模型、定标模型或数据库）构成的，高光谱传感器硬件用于测定样本的光谱，校正模型用于待测样本定量或定性的预测分析。在线高光谱分析系统往往还包括取样与预处理、数据通信等部分。样本的高光谱包含了其组成的分子结构信息，而其组成含量与性质参数也与其分子结构信息密切相关对两者进行关联分析，确立它们之间的定量或定性关系，即校正模型。建立模型后，根据校正模型和样本的高光谱就可以预测样本的组分含量或性质参数。因此，整个高光谱分析方法包括了校正和预测两个过程。首先收集许多具有代表性的样本，分别测定其光谱并使用常规分析方法测定待测性质或组成数据（称为基础数据、参考值或定标数据）。然后将光谱和性质或组成数据进行关联，得到分析模型。再通过待测样本的光谱和模型计算出待测样本的性质和组成数据。

性能稳定可靠的高光谱传感器是该技术的基础和前提，校正模型是预测样本性质的核心。本部分将从高光谱传感器、光谱数据、光谱处理方法、校正模型构建方法、模型精度评价方法等方面，介绍高光谱检测技术。

2.1 高光谱传感器

高光谱传感器是实施高光谱分析的硬件基础，由光学系统、电子系统和计算机系统等部分组成。其中，电子系统由光源电源电路、检测器电源电路、信号放大电路、A-D转换、控制电路等部分组成；计算机系统则通过接口与光学系统的电路相连，主要用来操作和控制仪器的运行，此外还负责采集、处理、存储、显示光谱数据等。高光谱传感器中最重要的组件是光学系统和检测器。

光学系统是高光谱传感器的核心，主要包括光源、分光系统、测量附件和检测器等部分。高光谱传感器最常用的光源是卤钨灯，灯内充入惰性气体（例如氙气或氪气）和微量的卤素（通常是溴或碘），在 2 526.85℃

（2 800K）灯丝温度下，卤钨灯的光谱辐射亮度峰值位于约为 1 000nm。在一些专用传感器上，也有使用发光二极管（LED）作为光源，GaAIAs 材料制成的 LED 光源的光谱覆盖 600～900nm，InGaAs 材料的 LED 光源光谱覆盖 1 000～1 600nm。分光系统也称单色器，其作用是将复合光变成具有一定的带宽的单色光，通常由准直镜、狭缝、光栅或棱镜等构成；此外也可使用干涉仪或滤光片得到所需的单色光。

检测器用于把含有样本信息的电磁波信号转变为电信号，再通过 A-D 转变为数字形式输出。常用的检测器有单点检测器和阵列检测器两种，主要有响应范围、灵敏度、线性范围 3 个主要指标，取决于传感器使用的材料和条件（如温度等）。在波长为 200～1 100nm 的短波区域，经常采用 Si 检测器，具有较快的响应速度和较高的灵敏度，可在常温下直接使用；在波长大于 1 000nm 的长波区域则多采用 PbS 或 InGaAs 检测器。其中，InGaAs 检测器的响应速度快，信噪比和灵敏度更高，但响应范围相对较窄，价格也较高。PbS 检测器的响应范围较宽，价格相对较低，但其响应呈较高非线性。为了提高检测器的灵敏度、扩展响应范围，在使用时往往采用半导体制冷器或液氮制冷，以保持较低的恒定温度。

2.2　高光谱数据

高光谱传感器把被测样本的电磁辐射分解成不同波长的谱辐射，能在一个光谱区间内获得被测样本几百个连续的窄波段信息。如果已知某样本的反射率数据为 $R(i)$，$i=1$，…，N，i 为光谱的波段序号，对应每一波段有光谱的波长数据 $\lambda(i)$，$i=1$，…，N。用直角坐标系表示光谱数据，横轴表示波长，纵轴表示反射率，测得的数据可以构成一条平滑而完整的光谱曲线。光谱曲线是对样本的光谱特征最直观的表达方式，光谱的吸收特征可以从曲线的极小值获得。在显示曲线时须将波段序号转换到光谱波长值，映射到水平轴上。由于高光谱传感器的波段数事实上是有限的，光谱曲线实际上是一些离散的样点。通过这些样点再现光谱曲线需进行插值处理，将样点连接起来构成光谱曲线。对待测样品理化性质的分析就是通过对光谱数据的各种分析进行的。

2.3　高光谱数据处理方法

　　高光谱检测是一种非破坏性光谱检测，除了高光谱本身在光谱构造上呈现出的复杂性外，检测样本本身的不规则性，检测环境因素变化也会引起光谱的不规则运动，干扰目标信息的反映。因此，高光谱数据处理的目的和难点就是要将影响光谱的各个主要因素相互分离，从复杂的光谱中消除掉不需要的变动，最后分离出需要的有用信息。影响高光谱曲线表达的原因如下。

　　一是检测样本本身由多种化合物构成，高光谱反映的是吸收峰的多重的叠加。各组分相关信息分散于很广的波长范围内，使得构成光谱的各个波长之间有着直接的很强的相关性，称为多重共线性。

　　二是测量时采用的是漫反射测量技术。当光线照在样品上时会产生各种反射、散射和透射。然而，漫反射光谱则由于样品的多重散乱现象会引起吸光度与样本浓度呈现非线性。

　　三是高光谱受到样本的表面形态，内部构造等样本特征和温度、光照、试验条件等环境因素的影响会使光谱产生基线变动和附加散射变动。

　　四是电磁辐射在光电变换和信号处理过程中不可避免地会产生随机噪声误差，并且当样本单一成分含量过高时会掩盖掉微量成分的信息，对高检测性能产生影响。

　　因此，需要采用数学方法对获取到的原始高反射光谱进行一系列光谱处理，排除噪声干扰，提取有效信息波段。

2.3.1　光谱平滑

　　由高光谱传感器的光电探测系统采集到的光谱数字信号分为两部分：探测器对地物响应信号和系统噪声。其中，系统噪声主要由探测系统各个组成部分工作时产生，除此之外地物光谱曲线还包含背景噪声和光谱杂音。噪声的存在给地物光谱的分析、检测、判别带来很大的干扰。为了消除这些干扰，从地物光谱中提取出所需要的有用信息，需要对光谱存在的许多"毛刺"噪声进行平滑预处理。常见的平滑方法有：移动平均法、卷积平滑法、高斯滤波法、中值滤波法、低通滤波法和小波去噪法，不同的方法产生的效果不同。评定平滑方法优劣性的原则是：在最大程度保持光谱的特征值的原则下光谱曲线尽可能平滑，并且平滑过后的光谱曲线对目标指标的预测度更好。

2.3.1.1　移动平均法

移动平均法，又可称为移动窗口平均平滑，算法可以看作一个平滑窗口在数据上移动求平均，从而对数据进行去噪。是一种数据处理方法，与对全体样本数据进行移动与缩放来消除样本数据差异的标准化算法不同，移动窗口平均平滑是对单个样本数据进行平滑，消除数据中的噪音。对于待处理的光谱数据，我们想要对其进行移动窗口平均平滑，首先需要确定窗口大小，设立好窗口大小后，从头选择光谱数据上与窗口大小数目相同的光谱值进行平均，然后赋值给第一个光谱值。之后移动窗口，使窗口中心点遍历整个光谱数据，即完成了移动窗口平均平滑。这里我们会发现，处理后的光谱数据会比原始光谱短，因此，我们在处理光谱数据之前，要先对光谱数据补零，然后进行拟合，从而使处理后的光谱数据与原光谱数据大小一致。平滑窗口宽度是一个重要参数，若窗口宽度太小，平滑去噪效果将不佳，若窗口宽度太大，进行简单求均值运算，会平滑掉一些有用信息，从而造成光谱信号的失真。

2.3.1.2　卷积平滑法

卷积平滑法利用最小二乘拟合系数作为数字滤波响应函数来对光谱进行卷积平滑处理的方法，是移动平滑算法的改进。卷积平滑滤波的效果，随着选取窗宽不同而不同，可以满足多种不同场合的需求。卷积平滑算法被广泛运用于信号的滤波处理。该方法是将光谱一段区间的等波长间隔的 n 个点作为一个集合（X 集合），卷积平滑算法就是将该区间内的光谱数据多项式拟合值作为区间中心光谱值，同样处理依次进行，直到遍历全部光谱。卷积平滑法是基于多项式近似法和最小二乘法，选择不相同的平滑点数。该算法的计算公式如下。

$$x_{i,smooth} = \frac{1}{k} \; (b_{i-1}x_{i-1} + \cdots + b_i x_i + \cdots + b_{i+1}x_{i+1}) \qquad (2\text{-}1)$$

式中，x_i 是单个样本的自变量 i，b 和 k 是卷积平滑系数。

卷积平滑算法并没有对波峰和波谷处数据点的不同做出区别，而是运用相同的方法处理每个数据点的数据，通过这种处理可以让光谱曲线发生线性平移和倾斜偏移。移动窗口的宽度和多项式的次数对降低光谱噪声的效果影响较大，移动窗口的宽度越小，则消除噪声的效果就越差；反之，窗口宽度若是太大，有效信息就会丢失。多项式的次数如果过大，则信噪比的改善效果与谱峰变形也明显。综上所述，最小二乘法拟合能够改善光谱噪声，去掉高频成分，但去噪的效果并不明显，随着平滑点数和多项式次数的增加，光谱的敏感性开始降低，模型精度下降。

2.3.1.3 高斯滤波

高斯滤波是一种根据高斯函数的形状来选择权值的比较常用的图像线性平滑滤波器。高斯平滑滤波对于去除服从正态分布的噪声很有效。高斯滤波是一种低通滤波器，其基本原理与均值滤波方法相同，取滤波器窗口的像素平均值作为滤波结果输出。与均值滤波不同点在于滤波器窗口的模板系数，均值滤波的窗口模板系数为1，而高斯滤波器的窗口模板系数会随着距离窗口中心的距离增大而减小，因此窗口模板系数与窗口中心的距离呈负相关。与均值滤波器相比，高斯滤波器能够有效地降低图像边缘的模糊程度。高斯滤波能够把二维的高斯运算转换为一维的高斯运算，因此其具有可分离性质（顾桂梅等，2018）。二维高斯函数的表达式如下。

$$h(x, y) = \frac{1}{2\pi\sigma^2}e^{-\frac{x^2+y^2}{2\sigma^2}} \qquad (2-2)$$

式中，(x, y) 代表每个像素点在图像中的坐标；σ 为标准差。对上述二维高斯函数做离散化运算处理，计算结果值就是所生成的高斯滤波器模板的系数，这样就构造了一个高斯滤波器模板。对于 $(2k+1) \times (2k+1)$ 大小的高斯滤波窗口模板（k 为大于 0 的正整数），其窗口中的每个像素点的系数计算公式如下。

$$H(x, y) = \frac{1}{2\pi\sigma^2}e^{-\frac{(x-k-1)^2+(y-k-1)^2}{2\sigma^2}} \qquad (2-3)$$

通过计算得到滤波窗口中每个像素单元的系数后，将滤波窗口中的每个像素的单元灰度值乘以所对应的滤波模板系数，对图像完成高斯滤波处理。并且 σ 越大，边缘越模糊，反之边缘则越清晰。

高斯滤波对于去除服从正态分布的噪声很有效。但采用高斯滤波法对光谱的去噪能力有限，对模型精度改善不明显。

2.3.2 光谱导数变换

在光谱分析中，导数光谱技术是应用范围最广泛的光谱曲线变换方法。导数变换方法，顾名思义，是一种对光谱曲线进行不同阶次的导数运算的方法。其目的包含3点：一是通过不同阶数的导数运算可以消除不同程度的背景噪声。二是可以提高不同吸收特征的对比度。三是为了确定光谱弯曲点、最大值和最小值等光谱特征值。经大量研究表明一阶导数能够在光谱变化区域消除线性和二次型背景噪声；二阶导数可以消除平方项背景噪声的影响。

2.3.2.1 一阶导数光谱

根据反射光谱数据的离散性，用光谱的差分作为光谱反射率导数的有限近似。一阶导数计算公式如下。

$$R'(\lambda_i) = \frac{dR(\lambda_i)}{d\lambda} = \frac{R(\lambda_{i+1}) - R(\lambda_{i-1})}{2\Delta\lambda} \qquad (2-4)$$

式中，λ_i 为波段 i 的波长；$R(\lambda_i)$ 为 i 波段的波段反射率；$\Delta\lambda$ 为波长 λ_{i-1} 到波长 λ_i 的距离；$R'(\lambda_i)$ 为波长 λ_i 的一阶导数光谱值。其中，$\Delta\lambda$ 值太小则噪声大，影响后续建模质量；$\Delta\lambda$ 值过大则会造成平滑过度而丢失有用信息，因此应慎重考虑 $\Delta\lambda$ 的大小。

2.3.2.2 二阶导数光谱

二阶导数光谱指用吸收光谱（$T-\lambda$ 或 $A-\lambda$）求二阶微分，得到 $\angle 2A'$ $\angle\lambda_2 \sim \lambda_m$ 函数图。导数的阶数增高，峰数也增多，而且峰形尖锐，原函数上的一些特征，如极值点（峰或谷）和拐点等，在各阶导数图像上都有相应的更加明确的显示，通过处理提高了波段分辨能力，增加信息量。二阶导数光谱计算公式如下。

$$R''(\lambda_i) = \frac{d^2 R(\lambda_i)}{d\lambda^2} = \frac{R'(\lambda_{i+1}) - R'(\lambda_{i-1})}{2\Delta\lambda} =$$
$$\frac{R(\lambda_{i+2}) - 2R(\lambda_i) + R(\lambda_{i-2})}{4(\Delta\lambda)^2} \qquad (2-5)$$

一阶导数光谱能够消除部分线性和二次型背景光谱噪声；二阶导数则可完全消除线性背景噪声光谱影响，二次型背景噪声光谱通过二阶导数计算能够基本消除。

2.3.3 多元散射校正

多元散射校正方法是高光谱定标建模常用的一种数据处理方法，经过散射校正后得到的光谱数据可以消除散射影响，增强与成分含量相关的光谱吸收信息。该方法的使用首先要求建立一个待测样品的"理想光谱"，即光谱的变化与样品中成分的含量满足直接的线性关系，以该光谱为标准要求对所有其他样品的高光谱进行修正，其中包括基线平移和偏移校正。在实际应用中，一般选取所有光谱的平均光谱作为一个理想的标准光谱。

首先计算所有样品高光谱的平均光谱，然后将平均光谱作为标准光谱，每个样品的高光谱与标准光谱进行一元线性回归运算，求得各光谱相对于标准光谱的线性平移量（回归常数）和倾斜偏移量（回归系数），在每个样品原始光谱中减去线性平移量同时除以回归系数修正光谱的基线相对倾斜，这样每个光谱的基线平移和偏移都在标准光谱的参考下予以修正，而和样品成分含量所对应的光谱吸收信息在数据处理的全过程中没有任何影响，所以提高了光谱的信噪比。具体的计算过程如下。

计算平均光谱：

$$\bar{A}_{i, j} = \frac{\sum_{i=1}^{n} A_{i, j}}{n} \tag{2-6}$$

一元线性回归：

$$A_i = m_i \bar{A} + b_i \tag{2-7}$$

多元散射校正：

$$A_{i(MSC)} = \frac{(A_i - b_i)}{m_i} \tag{2-8}$$

式中，A 表示 $n \times p$ 维定标光谱数据矩阵，n 为定标样品数，p 为光谱采集所用的波长点数，$\bar{A}$ 表示所有样品的原始高光谱在各个波长点处求平均值所得到的平均光谱矢量，A_i 是 $1 \times p$ 维矩阵，表示单个样品光谱矢量，m_i 和 b_i 分别表示各样品高光谱 A_i 与平均光谱 $\bar{A}$ 进行一元线性回归后得到的相对偏移系数和平移量。

2.4　波段选择方法

在建立高光谱分析模型时，有必要对波段进行筛选。由于高光谱传感器噪声的影响，在某些波段下样本光谱信噪比较低，光谱质量较差，这些波段会引起模型不稳定。此外，在某些波段，样本光谱信息与被测组成或性质间不存在线性相关关系，若选用线性建模方法，可能会降低模型的预测能力。再者，高光谱波长之间存在多重相关性，即波长变量之间存在线性相关的现象，光谱信息中存在冗余信息，模型计算复杂，预测精度也会降低。另外，有些波长对外界环境因素变化敏感，一旦外界环境因素发生变化，不仅影响预测结果，还会使所测样本成为异常点。

通过对波段的优选，可以减少波段变量的个数，提高测量速度，利于现场快速及过程在线检测。综上所述，波段选择一方面可以简化模型，更主要的是由于不相关或非线性变量的剔除，可以得到预测能力强、稳健性好的校正模型。

在光谱数据分析中，波段选择方法主要有相关系数法、逐步回归分析方法（SR）、无信息变量消除（UVE）方法、连续投影算法（SPA）和遗传算法（GA）等。

2.4.1 相关系数法

相关系数法是将校正集（建模数据集）光谱矩阵中每个波长点对应的吸光度向量与待测组分的浓度向量进行相关性计算，得到每个波长变量下的相关系数。将相关系数排序，选择合适的阈值，保留相关系数大于该阈值的波长点，进而建立多元校正模型。该方法考察的是单个波长向量和浓度向量的相关性，如果波长向量之间有协同作用，即每个波长向量与浓度向量单独的相关性很差，但是它们组合在一起后与浓度向量的相关性变好。对于这种情况，相关系数法不能选出最优的波长变量。同样，相关系数法对于非线性的光谱体系也不能给出最优的结果。

2.4.2 逐步回归分析方法

逐步回归法最初是多元线性回归中选择回归变量的一种常用数学方法，即利用逐步回归法按一定显著水平筛选出统计检验显著的变量，再进行多元线性回归计算。后来该方法发展为其他校正方法如神经网络选取输入变量。逐步回归法的基本思想是，逐个选入对输出结果有显著影响的变量，每选入一个新变量后，对选入的各变量逐个进行显著性检验，并剔除不显著变量。如此反复选入、检验、剔除，直至无法剔除且无法选入为止。在使用逐步回归法时经常遇到的问题是输入变量间具有多重交互作用，输入变量不仅与输出相关，而且彼此相关。在此情况下，模型中的一个输入变量可能会屏蔽其他变量对结果的影响。因此，逐步回归法选取的变量不一定是最优解。

2.4.3 无信息变量消除方法

无信息变量消除（UVE）方法是基于偏最小二乘回归系数建立的一种波长选取方法，这种方法的基本思想是将回归系数作为波长重要性的衡量指标。该方法将一定变量数目的随机变量矩阵加入光谱矩阵中，然后通过传统的交互验证或蒙特卡罗交互验证建立偏最小二乘模型，通过计算偏最小二乘回归系数平均值与标准偏差的比值，选取有效光谱信息。UVE 方法在选取波长时集噪声和浓度信息于一体，较为直观实用。

2.4.4　连续投影方法

连续投影算法（SPA）是一种前向循环选择方法，利用向量的投影分析，选取含有最少冗余度和最小共线性的有效波段。该方法从一个波段开始，每次循环都计算它在未选入波段上的投影，将投影向量最大的波段引入到波段组合。每一个新选入的波段，都与前一个线性关系最小。

2.4.5　遗传算法

遗传算法（GA）借鉴生物界自然选择和遗传机制，利用选择、交换和突变等算子的操作，随着不断的遗传迭代，使目标函数值较优的变量被保留，较差的变量被淘汰，最终达到最优结果。遗传算法主要包括 6 个基本步骤：参数编码、群体的初始化、适应度函数的设计、遗传操作设计、收敛判据和最终变量选取。

遗传算法根据适应度函数来评价个体的优劣，由于在整个搜索进化过程中，只有适应度函数与所解决的具体问题相联系，因此，适应度函数的确定至关重要。对于波长选择，适应度丽数可采用交互验证或预测过程中因变量的预测值和实际值的相关系数（R）、RMSECV 或 RMSEP 等作为参数。

遗传算法具有全局最优、易实现等特点，成为目前较为常用且非常有效的一种波段选择方法。

2.5　建模方法

定量建模方法也称多元定量校正方法，是建立分析仪器响应值与物质组分之间定量数学关系的一类算法。在高光谱分析中常用的定量建模方法包括多元线性回归（MLR）法、偏最小二乘回归（PLSR）法等线性校正方法，以及支持向量机（SVR）、人工神经网络（ANN）和高斯过程回归（GPR）等非线性校正方法。其中，PLSR 法在高光谱分析中得到较为广泛的运用，事实上已经成为一个标准的常用方法，ANN、SVR 和 GPR 等方法也越来越多地用于非线性的高光谱分析体系。

2.5.1 多元线性回归（MLR）

MLR 法又称逆最小二乘法，是早期高光谱定量分析常用的校正方法，该方法计算简单，公式含义也较清晰。但由于光谱变量之间往往存在共线性问题，无法求光谱阵的逆矩阵或求取的逆矩阵不稳定，从而在很大程度上降低了所建模型的预测能力，使 MLR 方法在高光谱分析中的应用受到了很大限制。但在一些高光谱分析应用领域，MLR 方法仍发挥着一定的作用，这时波长变量的选择就变得尤为重要。一方面，可凭借经验知识进行选取；另一方面，可采用波长筛选算法（如遗传算法等）与 MILR 方法结合，得到最佳波段组合。

2.5.2 偏最小二乘回归（PLSR）

PLSR 算法基础是多元线性回归分析、主成分分析和典型相关分析。PLSR 适用于有多个因变量和多个自变量的回归分析；更适合样本容量小于变量个数情况下的回归分析；同时考虑了自变量间的相关性和因变量间的相关性；能够对高光谱数据降维，在二维平面上观察多维数据；PLSR 建模同时考虑因变量和自变量主成分提取，建模精度更高。

与传统的最小二乘法、主成分回归相比，偏最小二乘同时考虑了自变量（x）主成分、因变量（y）主成分及因变量对自变量的解释程度；若是单因变量则在考虑自变量主成分的同时加入因变量影响，使因变量参与到自变量主成分提取中，以减少有用信息的丢失，稳定性更强。综合来说，PLSR 算法能够消除变量之间共线性影响，并通过主成分分析最大程度利用光谱信息，从而取得更佳的建模精度和更好的估测效果。

在 PLSR 算法中，需要确定投入建模的主成分的个数，即判定增加一个新主成分后模型的预测功能是否得到改进。模型精度评判方法为留一法交叉验证，即在建模每一步计算结束之前，均进行交叉有效性检验，如果模型精度达到要求，停止提取主成分；否则需继续提取。

PLSR 算法既可作为一种建模方法来进行回归建模，又可以用来进行高光谱数据降维，在高光谱分析中非常实用。PLSR 算法内核是线性算法，在建立非线性模型时将 PLSR 算法与机器学习等非线性算法结合，利用 PLSR 算法提取得分因子对高光谱数据实现降维处理，最后使用神经网络、支持向量机、随机森林等算法建模，能够大大增强模型的稳定性和适应能力。

2.5.3 支持向量机回归

支持向量机回归的算法基础是支持向量机。支持向量机是一种基于统计学习的结构风险最小化的近似实现，使用 SVR 构建的模型具有通用性好、鲁棒性强等优点。支持向量机算法的体系结构如图 2-1 所示，在"支持向量" x_i 和输入空间抽取的 x 之间的内积核是构造支持向量机学习算法的关键，图中 K 为核函数，主要种类有线性核函数（LF）、多项式核函数（PF）和径向基核函数（RBF）等，各核函数公式如下。

线性核函数：

$$K(x, x_i) = x^T x_i \qquad (2-9)$$

多项式核函数：

$$K(x, x_i) = (\gamma x^T x_i + r), \quad \gamma > 0 \qquad (2-10)$$

径向基核函数：

$$K(x, x_i) = \exp(-\gamma || x - x_i ||^2), \quad \gamma > 0 \qquad (2-11)$$

SVR 回归中，核函数、惩罚变量 c 和核函数系数 g 的选择对建模精度有着很大的影响。

SVR 回归的优点在于它是专门针对有限样本情况的，其目标是得到现有信息下的最优解而不仅仅是样本数趋于无穷大时的最优值。SVR 回归可以转化成为一个二次型寻优（二次规划）问题，从理论上说，得到的将是全局最优点，但 SVR 回归所能处理的校正样本数不能过多。

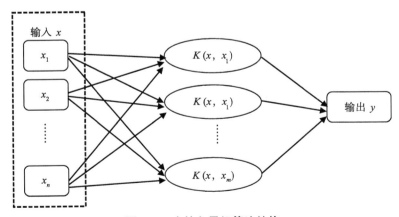

图 2-1　支持向量机算法结构

2.5.4　人工神经网络

人工神经网络（ANN）通过模仿人脑神经的活动建立脑神经活动的数学模型，即把对信息和计算同时存储在神经单元中，在一定程度上神经网络可以模拟动物神经系统的活动过程，具有自学习、自组织、自适应能力，很强的容错能力、分布存储与并行处理信息的功能及高度非线性表达能力，这是其他传统方法所不具备的。

ANN 有多种算法，按学习策略可以粗略地分为两类：有监督式的人工神经网络和无监督式的人工神经网络。有监督式的人工神经网络的方法主要是对已知样本进行训练，然后对未知样本进行预测。此类方法的典型代表是误差反向传输人工神经网络（BP-ANN）。无监督式方法，亦称自组织人工神经网络，无须对已知样本进行训练，则可用于样本的聚类和识别，如Kohonen 神经网和 Hopfield 模型。

目前在高光谱检测建模中，应用最多的是 BP-ANN，它是最简单的多层神经网络，也是人工神经网络中最具代表性和广泛用途的一种网络模型，它采用基于 BP-ANN 神经元的多层前向神经网络的结构形式。如图 2-2 所示，BP-ANN 一般由 3 个神经元层次组成，即输入层、输出层和隐含层。数据由输入层输入，经标准化处理，并施以权重传输到第二层，即隐含层，隐含层经过权值、阈值和激励函数运算后，传输到输出层，输出层给出神经网络的预测值，并与期望值进行比较，若存在误差，则从输出开始反向传播该误差，进行权值、阈值调整，使网络输出逐渐与希望输出一致。

各层的神经元之间形成全互联连接，各层次内的神经元之间没有连接，利用 ANN 进行计算主要分两步：第一步是对网络进行训练，即网络的学习过程，第二步是利用训练好的网络对未知样本预测。BP 网络的基本原理是利用最陡坡降法的概念将误差函数予以最小化，误差逆传播把网络输出出现的误差归结为各连接权的"过错"，通过把输出层单元的误差逐层向输入层逆向传播以"分摊"给各层神经元，从而获得各层单元的参考误差以便调整相应的连接权，直到网络的误差达到最小。

标准的 BP 学习算法是梯度下降算法，即网络的权值和阈值是沿着网络误差变化的负梯度方向进行调节的，最终使网络误差达到极小值或最小值（该点误差梯度为零）。梯度下降学习算法存在固有的收敛速度慢、易陷于局部最小值等缺点。因此，出现了许多改进的快速算法，从改进途径上主要分两大类，一类是采用启发式学习方法，如上面提到的引入动量因子的学习算法，以及改

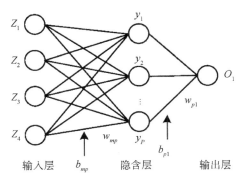

图 2-2　人工神经网络算法结构

变学习速率的学习算法、"弹性"学习算法等；另一类是采用更有效的数值优化算法，如共轭梯度学习算法、Quasi-Newton 算法以及 Levenberg-Marquardt（L-M）优化算法等。目前，在光谱定量模型建立中，多选用 L-M 优化算法，该学习算法可有效抑制网络陷于局部最小，增加了 BP 算法的可靠性。

2.5.5　高斯过程回归

　　高斯过程（GP）方法是近年来在高斯随机过程与贝叶斯学习理论的基础上发展起来的一种机器学习方法。高斯过程在模型复杂度与预测精确度之间做到了很好的统一，对处理高维数、小样本、非线性等复杂分类和回归问题具有很好的适应性。与人工神经网络和支持向量机相比，高斯过程模型参数明显减少，有着容易实现的特点，且更易收敛。

　　GP 是基于贝叶斯理论的一种概率模型。与一般的统计分析方法所不同的是，GP 是通过高斯分布概率模型来寻找被测数据之间的内在联系，而不是设定基函数并通过参数的设定来拟合模型系统的。因此，该方法对数据的内在结构没有特定的限制，可以灵活处理各种线性、非线性关系。在 GP 算法中，协方差函数是核心部分，根据所选取的协方差函数的不同，GP 模型可以有多种不同的形式，其中被广泛使用的协方差函数的形式如下。

$$c(x_i, x_j) = a_0 + a_1 \sum_{d=1}^{p} x_{id} x_{jd} + v_0 \exp\left(-\sum_{d=1}^{p} \omega_d (x_{id} - x_{jd})^2\right) + \sigma_e^2 \delta_{ij}$$

$$(2-12)$$

　　式中，$X = (x_1, \cdots\cdots, x_n)^{\mathrm{T}}$ 是输入的训练样本，x_{id}（$i = 1, \cdots\cdots, N$，$j = 1, \cdots\cdots, p$）是 x_i 的第 d 个元素，p 是波长点数。

协方差函数可由超参数 $\theta = (a_0, a_1, v_0, \omega_1, \sigma_e^2)$ 来表示，其中 a_0，a_1 和 v_0 称为总尺度，分别对应常数项、线性项和平方指数项，表示各项在模型中所占的比重；$\{\omega_d\}$ 是每个输入的尺度参数的集合，它刻画的是第 d 个方向上使得 y 变化最为显著的长度，因而称之为长度尺度；σ_e^2 是误差项，它表示模型的拟合精度。协方差函数中线性、非线性项的组合使用，使得 GP 能够很好地处理各种线性、非线性问题，而且各个波长变量的重要性都使用长度尺度来刻画，所建模型具有很好的解释能力。

2.6 模型精度评价方法

模型的精度可以使用决定系数（R^2）、均方根误差（RMSE）、相对预测偏差（RPD）和相对预测误差（REP）等指标进行综合评定。

决定系数计算公式为：

$$R^2 = \frac{\sum\limits_{i=1}^{n}(\widehat{y_i}-\bar{y_i})^2}{\sum\limits_{i=1}^{n}(y_i-\bar{y_i})^2} \tag{2-13}$$

均方根误差计算公式为：

$$\text{RMSE} = \sqrt{\frac{1}{n}\sum\limits_{i=1}^{n}(\widehat{y_i}-y_i)^2} \tag{2-14}$$

相对预测偏差计算公式为：

$$\text{RPD} = \frac{\text{S.D}}{\text{RMSE}} \tag{2-15}$$

相对误差计算公式为：

$$\text{REP} = \frac{100}{\bar{y}}\text{RMSE} = \frac{100}{\bar{y}}\sqrt{\frac{1}{n}\sum\limits_{i=1}^{n}(\widehat{y_i}-y_i)^2} \tag{2-16}$$

式中，y_i 和 $\widehat{y_i}$ 分别为检验样本的观测值和预测值；$\bar{y_i}$ 为样本观测值的平均值；n 为预测样本数；S.D 为样本观测值的方差。

在以上模型精度检验指标中，决定系数 R^2、RPD 的值越大，均方根误差 RMSE 和相对误差 REP 的值越小，证明模型精度越高，预测效果越好。另外，对 RPD 值的评判也有不同的标准，一般认为当 RPD>2 时证明模型拥有极好的预测能力；1.4<RPD<2 时表明模型仅能够粗略估测样本；当 RPD<1.4 时证明模型不具备预测能力。

3 黄桃糖度高光谱检测研究概述

3.1 研究背景

随着人们生活水平的提高，消费者对水果质量和安全性要求越来越高，已由低水平的价格竞争，上升到质量、品牌和价格的综合竞争，质量已经成为消费者最为关注的因素，尤其是内在品质安全越来越受到消费者重视。优质、高产、高效、生态、安全是当今世界水果生产和消费的总趋势，受到各国广泛关注。《"健康中国2030"规划纲要》和《中国制造2025》等国家战略的部署和实施，引导了食品向安全、营养、健康方向发展，为水果的产后商品化处理指明了方向。中国水果产业已经跨过了"扩大生产规模的产业阶段"，已进入了提高品质，控制成本，推行品牌战略的发展阶段。我国政府重视水果产业的发展，不断加大科技支撑力度，以科技助力水果产业健康转型。我国是水果的最大生产国和消费国，巨大的产品检测需求、国内产业需求和食品安全的严峻挑战，迫切需要适用于水果内在组分与内部缺陷的快速无损检测技术与设备，对促进水果产业的健康发展具有重要意义。

传统的水果品质检测方法往往需要对被检测对象进行破坏性采样，因此只能进行少量抽样检测，且检测过程费时费力，难以实现对水果品质批量化、自动化的检测和在线实时检测。随着高光谱技术的发展，利用高光谱对水果品质进行无损检测成为一个重要的发展趋势。高光谱技术集中了光学、电子学、计算机科学及信息处理技术等科学，能检测水果物理结构、化学成分等。这种能获得水果品质信息的无损检测技术具有非常大的应用前景。

3.2 国内外研究进展

刘燕德等（2003）探讨了高光谱无损检测水果糖度的方法；赵杰文等（2005）利用近红外漫反射光谱技术，采用多点光谱采集的方式提高了无损检测苹果糖度的精度；李建平等（2006）应用高光谱技术结合偏最小二乘回归、逐步多元线性回归与主成分回归方法分别建立了两个产地 3 个品种枇杷的可溶性固形物含量无损检测模型，结果表明，全波段的偏最小二乘回归模型预测效果最好。Sivakumar 等（2006）利用高光谱技术检测杧果的水分含量，采用人工神经网络建立预测模型。实验结果表明，杧果水分预测的相关系数为 0.81，预测水分含量的最优波长为 831mm、923mm、950nm。

Lu（2007）利用散射高光谱检测苹果坚实度，采用主成分分析和神经网络结合方法对黄元帅、红元帅的坚实度进行预测，实验结果表明，黄元帅、红元帅坚实度预测的相关系数分别为 0.76、0.55，预测集标准误差分别为 6.2 N、6.1 N。Hyun 等（2007）利用高光谱检测苹果可溶性固体含量，采用神经网络建立预测模型。实验结果表明，可溶性固体含量预测的相关系数为 0.75。陆辉山等（2007）研究用可见/近红外光谱漫透射方式对柑橘类水果的可溶性固形物含量进行分析；EImasry 等（2007）利用高光谱检测草莓的含水率、可溶性固体及酸度。采用偏最小二乘法的系数来选择最佳光谱波段，最后分别采用全光谱波段、最佳光谱波段的多元线性回归建立预测模型。实验结果表明，全光谱波段预测的相关系数分别为 0.90，0.80 和 0.87；最佳光谱波段预测的相关系数分别为 0.87，0.80 和 0.92。洪添胜等（2007）利用高光谱技术检测雪花梨中含糖量和含水率，采用人工神经网络建立雪花梨含糖量和含水率预测模型。实验结果表明，雪花梨含糖量预测值的相关系数为 0.996，误差平均值为 0.5°Bx；含水率预测值的相关系数为 0.94，相对误差平均值为 0.62%。

纪淑娟和李东华等（2008）研究了不同扫描方式与果实成熟度对南果梨高光谱检测模型建立的影响，并结合可溶性固形物含量法分别建立了南果梨可溶性固形物含量、还原糖含量、总酸度含量与有效酸度的近红外光谱无损检测模型，结果表明，可基本满足实际检测需要。Sinelli 等（2008）基于近红外与中红外光谱技术，分别建立了成熟期蓝莓总可溶性固形物、总酚含量、总黄酮类含量、总花青素含量和抗坏血酸含量的分析模型，并据此进行了蓝莓成熟等级的划分。郭恩有等（2008）利用高光谱技术检测脐橙糖度，由反射光谱曲线获取特征波长，采用人工神经网络建立脐橙糖度的预测模型。实验结果表明，脐橙糖度预测模型的相关系数为 0.831，相对误差绝对值的平均值为 0.464°Bx。李桂峰等（2008）建立偏最小二乘模型和特征指纹光谱均能准确预测苹果的质地品质；虞佳佳等（2008）设计了对杧果糖度酸度快速无损检测的方法。

蔡健荣等（2009）以猕猴桃为研究对象，先利用小波滤噪法对光谱进行预处理，再分别建立了猕猴桃糖度的偏最小二乘、区间片最小二乘和联合区间片最小二乘分析模型。Perez-Marin 等（2009）利用便携式高光谱仪对田间生长成熟期与采后贮藏期间的油桃与李子的可溶性固形物、硬度、干物质含量等内部品质指标进行了实时检测，并以此研究了果实适时采收期与合理贮藏货架期。Blakey 等（2009）借助高光谱技术测定了采后鳄梨的果皮含水量，进而研究了鳄梨成熟过程中果皮含水量与脱落酸对果实品质变化的影响。

吴彦红等（2010）利用高光谱成像系统采集荧光散射图像。在 440～726nm 光谱段提取 12 个特征波长建立的猕猴桃糖度多元线性回归模型，校正集相关系数为 0.93，校正集均方根误差为 0.48°Bx，预测集相关系数为 0.82，预测均方根误差为 0.56°Bx。洪涯等（2010）先采用连续投影算法优选特征变量，再分别建立了砂糖橘酸度的高光谱多元线性回归与偏最小二乘定量分析模型。Bobelyn 等（2010）以苹果为对象，研究了品种、季节、贮藏期和产地对苹果可溶性固形物含量高光谱校正模型的影响，结果表明品种、产地和储藏期对光谱信息影响显著。Kurz 等（2010）以杏子、桃子和南瓜为研究对象，基于高光谱技术建立了各果品内部成分（鼠李糖、海藻糖、阿拉伯糖、木糖、甘露糖、半乳糖和葡萄糖含量）的分析检测模型，并利用光谱的差异性对 3 种果品进行了识别分类初步研究。

张鹏等（2011）在可见/近红外光谱区域（570～1 848nm），对比分析了不同数学建模方法与预处理方法处理下的磨盘柿果实可溶性固形物含量和可溶性单宁含量定标模型。Zude 等（2011）利用可见/近红外光谱技术，分别结合朗伯比尔定律与多元回归方法无损检测分析了樱桃中的花青素含量。Sanchez 等（2011）利用近红外光谱技术，分别比较和评价了多元偏最小二乘回归法和局部回归法用于检测分析蜜桃质量参数（可溶性固形物含量、重量、果径与果肉硬度）的预测效果。Antonucci 等（2011）采用便携式可见/近红外装置，结合偏最小二乘模型分别对小蜜橘和柑柚的总可溶性固形物含量与总酸度含量进行了分析测定。Costa 等（2011）分别利用声学检测装置与可见和近红外光谱技术对不同品种的苹果的质构特性及成熟度进行了分析。单佳佳等（2011）利用高光谱技术检测苹果糖分含量，对反射光谱曲线进行不同预处理，采用偏最小二乘回归方法建立预测模型。实验结果表明，原始光谱经过多元散射校正、一阶导数和 SG 平滑处理后建模效果较好，校正集相关系数为 0.93，SEC 为 0.47°Bx，验证集相关系数为 0.92，SEV 为 0.67°Bx。

　　万相梅等（2012）利用散射高光谱对苹果压缩硬度和汁液含量进行预测，分别采用最小二乘支持向量机和偏最小二乘法建立苹果的压缩硬度和汁液含量模型。实验结果表明，采用最小二乘支持向量机方法所建预测模型性能优于偏最小二乘法。胡润文和夏俊芳（2012）以脐橙总糖为对象，在主仪器上建立最优的偏最小二乘高光谱模型，采用斜率截距校正法和直接校正算法把主仪器上建立的模型传递到从仪器上，并探讨标准化样品个数对模型传递效果的影响，实现了高光谱模型在同类仪器间的共享。罗华平等（2012）以南疆红枣为对象，研究了拓扑方法在南疆红枣品质高光谱检测分析中的应用，另外还建立了南疆红枣糖度高光谱在线校正模型，并分析了在线检测结果的主要影响因素及对相应的参数进行了实验研究。Bertone 等（2012）利用可见/紫外分光光度法与近红外光谱技术结合区间遗传算法——偏最小二乘模型对成熟期未采摘苹果果皮中的叶绿素含量进行实时监控检测，并以此为确定成熟期苹果的最佳采收期提供了新方法。Jha 等（2012）在 1 200～2 200nm 波长范围内，利用近红外光谱技术结合多元线性回归与偏最小二乘方法对 7 个不同品种的杧果的总可溶性固形物含量和 pH 值进行了无损检测。Sanchez 等（2012）用 MEMS 近红外光谱仪结合不同光谱预处理方法和线性、非线性校正模型对 189 个草莓的外部质量参数与内部品质参数（可溶性固形物含量、总酸度和 pH 值）进行了无损检测分析。彭彦昆等（2012）将高光谱图像的光谱信息和空间信息结合，采用洛伦兹函数对苹果高光谱的空间散射曲线进行拟合和参数提取，利用偏最小二乘和逐步多元线性回归模型对不同拟合参数建立苹果硬度预测模型，相关系数达到 0.89。郭俊先等（2012）采用高光谱技术对新疆冰糖心红富士苹果的糖度进行预测分析，通过提取苹果高光谱图像中感兴趣区域的平均光谱，经过白板校正、一阶微分光谱预处理和 10 个波长的光谱合并，基于多元线性回归方法建立了苹果糖度的预测模型。

　　Wedding（2013）等研究了季节变化对基于傅立叶变换近红外光谱技术的鳄梨干物质含量检测分析模型的影响，结果发现季节变化对干物质含量近红外预测模型影响显著。Wang 等（2014）与多变量分析技术结合测定柑橘类水果的可溶性固形物含量；郭志明等（2014）提出了自适应蚁群优化偏最小二乘法优选特征波长的方法建立不同产地苹果可溶性固形物含量混合分析模型；Rungpichayapichet 等（2015）通过对杧果高光谱分析检测 β-胡萝卜素，建立多元线性回归模型，预测相关系数 $R^2 > 0.8$。Dong 等（2015）使用高光谱反射成像技术（近红外区域为 900～1 700nm）评估在 13 周储存期间的富士苹果的可溶性固形物含量、含水量和 pH 值。

Olarewaju 等（2016）利用高光谱法分析检测鳄梨的成熟度，通过偏最小二乘回归模型预测鳄梨果肉含油率、干物质和水分含量。其中干物质和水分含量预测准确率高，相对误差分别为 2.00 和 2.13。对比 2013 年和 2014 年两年份鳄梨的预测结果表明，干物质和水分含量预测模型的鲁棒性好。Li 等（2016）研究了水果中总可溶性固形物无损分析技术；Guo 等（2016）使用基于小波变化的高光谱数据测定了苹果中可溶性固形物的含量。郭志明等（2016）对苹果内部品质高光谱在线检测模型进行了优化。Sánchez 等（2017）测定了西葫芦中硝酸盐的含量和菠菜的质地；Nordey 等（2017）构建了能够评估杧果质量的模型，包括总可溶性固形物含量、酸度、干物质；Escribano 等（2017）对樱桃中可溶性固形物和干物质含量进行了预测。Sun 等（2017）基于高散射光谱预测了甜瓜的糖度和硬度。

Ma 等（2018）通过高光谱评估了苹果中可溶性固形物含量；Pissard 等（2018）建立起新鲜苹果上果皮和果肉中的酚类化合物和干物质含量的高光谱估算模型；Oliveira-Folador 等（2018）采用高光谱技术预测了百香果果肉的品质性状；Goke 等（2018）分析了梨采后干物质和可溶性固形物含量的光谱特征并建立起相应的反演模型；Wang 等（2018）设计了基于云的超便携式高光谱甜樱桃品质检测系统；Zhang 等（2019）设计了基于高光谱快速评价厚皮大粒甜瓜可溶性固形物的最佳局部模型；王世芳等（2019）利用 JDSU 便携式高光谱仪检测西瓜可溶性固形物；刘燕德等（2020）设计了一种不同产地苹果糖度可见高光谱在线检测系统；宋杰等（2019）使用四方对称光源透射光谱建立起脐橙可溶性固形物检测模型；王允虎等（2019）使用便携式高光谱仪对无花果品质进行鉴定。

3.3 研究目的和意义

由于不同种类的水果形态结构千差万别，甚至同种水果的不同品种之间也不尽相同。基于反射光谱的无损检测技术只能通过水果表面反射光谱反演其理化信息，因此，不同种类水果、同种水果不同品种所适用的光谱检测模型也不同，需要针对每一种水果、每一个品种单独建模。本书的研究对象为黄桃，通过分析黄桃糖度与反射光谱的相关关系，建立黄桃糖度高光谱反演模型，实现使用高光谱技术对黄桃糖度进行无损检测，推动黄桃品质的自动在线检测与分级技术在生产中的应用，有助于实现水果分级，提高水果产业的经济效益。

3.4　研究区与材料

3.4.1　研究区概况

本研究试验田位于上海市奉贤区青村镇（30°56′4.55″N，121°34′9.02″E）。本区是传统黄桃种植区，地处长江三角洲东南缘，属于亚热带季风气候，四季分明，雨量充沛，光照充足，气候三要素光、温、水年际变化分布基本一致，雨热同季是奉贤显著优越的气候条件。全年无霜期232d，年平均气温15.7℃，最冷1月平均气温4.1℃，最热7月中旬到8月中旬，平均气温27.2~27.3℃，常年稳定通过10℃以上总积温4943℃，年平均降水量1174mm，常年降水日数137d，年日照时数1932h，光、温、水气候条件非常适宜黄桃的生理生长要求。1997年，奉贤区青村镇被农业部（2018年3月，国务院机构改革组建农业农村部，不再保留农业部，全书同。）命名为"中国黄桃之乡"；2010年，原国家质检总局批准对"奉贤黄桃"实施地理标志产品保护；2015年，"奉贤黄桃"被认定为上海市著名商标，并荣列"全国互联网地标产品50强"。

"奉贤黄桃"是上海市农业科学院几代"锦绣""锦香""锦花""锦园"等黄桃新品种的总称。所产黄桃果形肥硕、色泽金黄、汁多味甘、香味浓郁，消费者十分喜爱，成为上海久负盛名的特色果品。是上海市奉贤区的特色农产品，也是全国最大的鲜食黄桃基地。奉贤现有黄桃种植面积1.5万亩。年产黄桃万吨以上，被农业部命名为"中国锦绣黄桃之乡"。该镇锦光黄桃种植合作社被定为"上海服务世博果品供应基地"。

奉贤黄桃色泽艳丽美观，果皮呈黄绿色至金黄色，有玫瑰红晕或红色细点，绒毛中等，果皮厚韧易剥离，果肉金黄色（色卡5~7级），口味甜、肉柔韧、纤维少、汁液多、香气浓。果形圆整、果顶圆平。可溶性固形物含量达13%以上，成熟后糖度在12°Bx左右，总酸含量28%以下，固酸比为48~50，生产获得的果品按单果重量可分为三级，特级为300~400g；一级为250~300g；二级为200~250g。食用口感佳，奉贤黄桃含有较高的胡萝卜素，果肉既可鲜食，也可入菜。

奉贤黄桃栽培生产过程严格，栽培按照优质安全标准实施。上海市质量技术监督局批准制订了《地理标志产品奉贤黄桃》（上海地方标准DB31/T

488-2019），对栽培过程中的合理施肥和安全用药皆做了明确规定。各级地方政府也相应建立质量安全管理机构，定期现场生产监督和样品抽检。

近年来，奉贤区不断打造黄桃产业，确立黄桃生产基地综合功能开发理念。1.5万亩奉贤黄桃生产基地具有"生产、生活、生态"的良好综合功能，建设果乡度假村和鲜桃采摘园、发展休闲观光业、建设奉贤黄桃科普基地并定期举办"奉贤黄桃节"。全方位、多角度打造黄桃产业，提升奉贤黄桃品牌。

3.4.2 试验材料

黄桃又称黄肉桃，属于蔷薇科桃属，因肉为黄色而得名。黄桃是鲜食及加工两用的栽培品种，具有生长快、结果早、产量高、品质优、管理简单等特点。黄桃树的主要特点：多数品种树姿偏直立，花芽着生部位高，果皮、果肉均呈金黄色至橙黄色，肉质较紧致密而韧，黏核者多。黄桃在三四千年以前，在中华大地上已受到重视并已人工栽培，到秦汉时代，已培育出多种品种，由古代毛桃嫁接出的金桃，延续繁衍成今天的黄肉桃种群。

常吃黄桃可起到通便、降血糖血脂、抗自由基、祛除黑斑、延缓衰老、提高免疫力等作用，也能促进食欲，堪称保健水果、养生之桃。黄桃的营养十分丰富，含有丰富的抗氧化剂（α-胡萝卜素、β-胡萝卜素、番茄黄素、番茄红素及维生素C等）、膳食纤维（果肉中含有大量人体所需的果胶和纤维素，起到了促进消化吸收等作用）、铁钙及多种微量元素（硒、锌等含量明显高于其他水果，是"果中之王"）。黄桃食时软中带硬，甜多酸少，有香气、水分中等，成熟糖度14~15°Bx。

本研究供试黄桃品种为"锦绣"（图3-1），外观漂亮，肉色金黄，果形

图3-1 "锦绣"黄桃

整齐匀称，软中带硬，甜多酸少，有香气，水分中等，风味诱人。成熟时间一般在 8 月中旬至 9 月。

3.5 试验设计

3.5.1 仪器设备

3.5.1.1 光谱信息采集设备

使用的高光谱传感器为美国 ASD 公司 FieldSpec HandHeld 2 型便携式可见光–近红外地物光谱仪（图 3-2），测量光谱的波长范围为 325~1 075nm，采样间隔 1nm。具体参数如表 3-1 所示。由于波长范围两端的光谱数据一般信噪比较低，在实际应用中，一般选取 350~1 000nm 范围的光谱作为有效数据。

图 3-2 ASD FieldSpec HandHeld 2 型便携式地物光谱仪

表 3-1 FieldSpec HandHeld 2 型便携式地物光谱仪参数

产品型号	HH2
波长范围	325~1 075nm
波长准确度	1nm
光谱分辨率	<3.0nm @ 700nm
等效噪声辐射	$5\times10^{-9}W/cm^2/nm/sr$ @ 700nm
视场角	25°（可选其他镜头改变视场角，亦可选不同长度光纤线）
内存	500MB（最大可存储约 30 000 条光谱数据，推荐存储 2 000 条）
电源	4 节 AA 电池（标准或可充电），或者 5V 1.5A 的 AC/DC 适配器供电
电池寿命	厂家提供的可充电电池持续工作时间：最多 2.5h 锂电池：最多 5h 碱性电池：大约 1.5h

（续表）

产品型号	HH2
显示器	可倾斜彩色液晶显示器，对角线长 6.8cm
电脑软件	RS3 控制软件，ViewSpecProsTM 后处理软件，HH2 同步界面软件
瞄准	内置红外激光器
尺寸	90mm×140mm×215mm
重量	1.2 kg（含电池）

3.5.1.2 糖度计

本研究中使用的手持式糖度计是一种通过测量水溶液的折射率来测量其浓度的仪器。所有水溶液都能使光的方向发生偏折。光的偏折可以随溶液浓度的增加而成正比增加。糖度折光仪用于快速测定含糖溶液的溶度、果酒密度；通过换算还可以测量其他非糖溶解度或折射率。

糖度计型号为 HB-112ATC（图 3-3），测量范围为 0~20%，最小刻度为 0.1%，使用环境温度为 10~30℃，自带温度补偿装置。

图 3-3 手持糖度计

3.5.2 试验流程

2017—2019 年，每年 7—9 月间展开试验。每次试验从田间直接采集黄桃，装入保鲜盒带回实验室进行光谱和糖度测量试验。3 年共选取 270 个不同成熟度的黄桃进行测量试验。

试验流程如图 3-4 所示。将黄桃表面擦拭干净，在每个黄桃上均匀选取 5 个部位，用黑色记号笔画圆做标记，圆的直径大于光纤探头外径，并标记每个部位的编号。使用地物光谱仪配备光纤探头，首先使用校正板对光谱仪进行校正；然后将探头置于测量部位上，再将光纤探头和待测黄桃整体置于暗箱中测量光谱；每个部位进行 10 次扫描，求得平均值作为该部位的光谱。每进行 10 次测量，重新使用校正板对光谱仪进行一次校正。

　　光谱测量完成后，打开手持式折光仪盖板，用干净的纱布或卷纸小心擦干棱镜玻璃面。在棱镜玻璃面上滴 2 滴蒸馏水，盖上盖板置于水平状态，从接眼部处观察，检查视野中明暗交界线是否处在刻度的零线上。若与零线不重合，则旋动刻度调节螺旋，使分界线面刚好落在零线上。打开盖板，用干净的纱布或卷纸小心擦干棱镜玻璃面。挖取所测量部位的黄桃果肉，榨出适量果汁滴到手持糖度计棱镜玻璃面上，读取该部位果肉糖度值。这样，每一个部位的糖度值对应一组光谱反射率数据，作为一个样本数据，共获取 1 350 个样本。

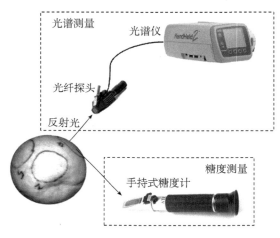

图 3-4　黄桃反射光谱及糖度测量

4 黄桃糖度高光谱特征

4.1 黄桃的反射光谱特征

在波长 350~1 000nm，黄桃表现出来的反射光谱总体特征如表 4-1 和图 4-1 所示：在 350~354nm，反射率随着波长的增加而降低，并在 354nm 处反射率达到最低（3.65%）；在 354~557nm，反射率随着波长的增加而快速升高，并在 557nm 处反射率达到最高（51.93%）；在 557~673nm，反射率随波长的增加而快速降低，并在 673nm 处达到最低（30.87%）；在 673~747nm，反射率随波长的增加急剧升高，并在 747nm 处达到全波段的最高值（82.00%）；随后在 747~977nm，反射率随波长的增大而逐渐降低，并在 977nm 处达到最低值（64.05%）；在 977~1 000nm，反射率随波长的增大而又有所升高。

表 4-1 黄桃反射光谱主要极值点位置波长及反射率

极值点位置波长（nm）	反射率（%）
354	3.65
557	51.93
673	30.87
747	82.00
977	64.06

4.2 不同糖度的黄桃的反射光谱曲线

不同糖度的黄桃的反射光谱不同。对比糖度为 6°Bx、9°Bx 和 13°Bx 的黄桃光谱反射率的平均值，结果如图 4-2 所示：糖度为 6°Bx 的黄桃的光谱反射率在整个波段范围内最低；糖度为 9°Bx 的黄桃光谱反射率在波长 530~

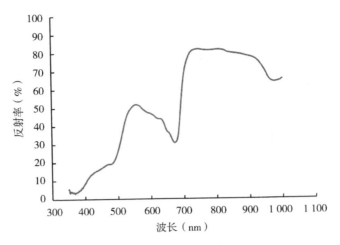

图 4-1　黄桃反射率光谱曲线

720nm 的范围内低于糖度为 13°Bx 的黄桃，在 350～530nm 的范围内二者反射率差异不明显，在 720～1 000nm 范围糖度为 9°Bx 的黄桃光谱反射率略高于糖度为 13°Bx 的黄桃。总体而言，黄桃糖度与反射光谱最显著的规律为：在波长 530～720nm 的范围内，黄桃的光谱反射率随着糖度的增加而升高。

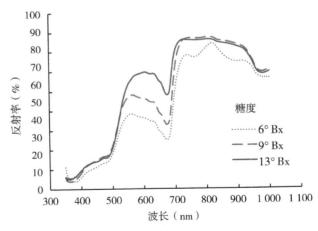

图 4-2　不同糖度黄桃反射率光谱曲线

4.3 黄桃糖度与反射光谱及其变化形式的相关性分析

4.3.1 原始反射率光谱

计算黄桃糖度与原始反射率光谱在各波段上的相关系数，结果如图 4-3 和表 4-2 所示，黄桃糖度与原始反射率光谱在部分宽波段范围内有显著相关性（0.01 水平）。以 0.35 为界线，相关系数（r）大于 0.35 的波段主要集中在两个波段范围内，分别为波长 375～398nm 和 538～701nm。375～398nm 内，相关系数最大值位于 376nm 处，$r=0.384$；538～701nm 内，相关系数最大值位于 577nm，$r=0.449$。全波段范围内，黄桃糖度与原始反射率光谱相关系数最高处位于 577nm，$r=0.449$。

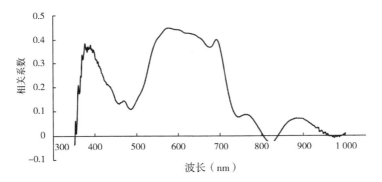

图 4-3　黄桃糖度与反射率光谱相关性

表 4-2　黄桃糖度与原始波段光谱反射率相关性

波段范围（nm）	极值点位置波长（nm）	极值点相关系数
375～398	376	0.384
538～701	577	0.449

4.3.2 一阶导数光谱

计算黄桃糖度与一阶导数光谱在各波段上的相关系数，结果如图 4-4 和表 4-3 所示，黄桃糖度与一阶导数光谱在部分窄波段范围内有显著相关性（0.01 水平）。以 ±0.35 为界线，$r>0.35$ 的波段分别分布于波长 514～544nm、

826～856nm 范围，对应区间内的 r 极值分别为位于：525nm，$r=0.5$；828nm，$r=0.399$。$r<-0.35$ 的波段分别为 473～478nm、658～673nm、706～733nm、771～806nm、902～906nm，对应区间内的 r 极值分别为：475nm，$r=-0.405$；671nm，$r=-0.41$；723nm，$r=-0.402$；793nm，$r=-0.43$；904nm，$r=-0.377$。全波段范围内，黄桃糖度与一阶导数光谱相关系数最大值位于 525nm，$r=0.5$。

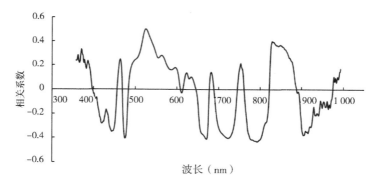

图 4-4　黄桃糖度与一阶导数光谱相关性

表 4-3　黄桃糖度与一阶导数光谱相关性

波段范围（nm）	极值点位置波长（nm）	极值点相关系数
473～478	475	-0.405
514～544	525	0.500
658～673	671	-0.410
706～733	723	-0.402
771～806	793	-0.430
826～856	828	0.399

4.3.3　二阶导数光谱

计算黄桃糖度与二阶导数光谱在各波段上的相关系数，结果如表 4-4 和图 4-5 所示，黄桃糖度与二阶导数光谱在一系列离散的窄波段范围内有显著相关性（0.01 水平）。以 ±0.35 为界线，$r>0.35$ 的波段分别为 451～458nm、508～511nm、721～748nm、809～811nm、819～826nm，对应区间内的 r 极值分别为：453nm，$r=0.401$；510nm，$r=0.38$；741nm，$r=0.474$；810nm，

$r=0.401$；821nm，$r=0.44$。$r<-0.35$ 的波段分别为 468～473nm、536～551nm、568～577nm、603～609nm、642～643nm、653～659nm、689～694nm、771～778nm、851～857nm、862～866nm、881～882nm，对应区间内的 r 极值分别为：472nm，$r=-0.457$；548nm，$r=-0.511$；570nm，$r=-0.505$；608nm，$r=-0.440$；643nm，$r=-0.421$；655nm，$r=-0.426$；692nm，$r=-0.382$；774nm，$r=-0.456$；856nm，$r=-0.404$；864nm，$r=-0.41$；882nm，$r=-0.393$。全波段范围内，黄桃糖度与二阶导数光谱相关系数最高处位于 548nm，$r=0.511$。

表 4-4　黄桃糖度与二阶导数光谱相关性

波段范围（nm）	极值点位置波长（nm）	极值点相关系数
451~458	453	0.401
468~473	472	−0.457
508~511	510	0.380
536~551	548	−0.511
568~577	570	−0.505
603~609	608	−0.440
642~643	643	−0.421
653~659	655	−0.426
689~694	692	−0.382
721~748	741	0.474
771~778	774	−0.456
809~811	810	0.401
819~826	821	0.440
851~857	856	−0.404
862~866	864	−0.410
881~882	882	−0.393

4.3.4　多元散射校正光谱

计算黄桃糖度与多元散射校正光谱在各波段上的相关系数，结果如表 4-5 和图 4-6 所示，黄桃糖度与多元散射校正光谱在几个宽波段范围有显著相关性（0.01 水平）。以 ±0.35 为界线，$r>0.35$ 的波段分布于波长 541～

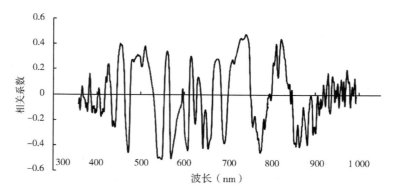

图 4-5　黄桃糖度与二阶导数光谱相关性

712nm，对应区间内的 r 极值位于 566nm 处，$r=0.503$。$r<-0.35$ 的波段分别分布于 350～495nm 和 777～1 000nm，对应区间内的 r 极值分别位于：443nm，$r=-0.429$；817nm，$r=-0.572$。全波段范围内，黄桃糖度与多元散射校正光谱相关系数最高值位于 817nm，$r=-0.572$。

表 4-5　黄桃糖度与多元散射校正光谱反射率相关性

波段范围（nm）	极值点位置波长（nm）	极值点相关系数
350～495	443	-0.429
541～712	566	0.503
777～1 000	817	-0.572

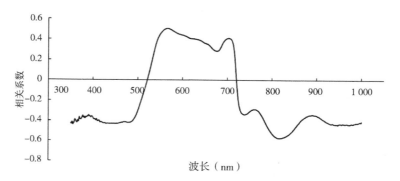

图 4-6　黄桃糖度与多元散射校正光谱相关性

4.4　黄桃糖度光谱指数特征

光谱参数是不同波段的光谱值进行数学运算组合得到的一类参数，可以在一定程度上消除环境噪声影响、压缩光谱信息。由于与黄桃糖度相关的光谱参数缺乏研究，因此本书中使用不同算法构建光谱参数，并探究光谱参数与黄桃糖度之间的关系。

采用穷举法，分别对原始反射光谱、一阶导数光谱、二阶导数光谱和多元散射校正光谱，在350~1 000nm任意两个波段分别进行归一化、比值、差值等运算，得到归一化光谱参数（Normalized Difference Spectral Index，NDSI）、比值光谱参数（Ratio Spectral Index，RSI）和差值光谱参数（Difference Spectral Index，DSI）3种类型光谱参数矩阵，计算公式如下。

$$NDSI = (R_i - R_j) / (R_i + R_j) \qquad (4-1)$$
$$RSI = R_i / R_j \qquad (4-2)$$
$$DSI = R_i - R_j \qquad (4-3)$$

计算每一个光谱参数与黄桃糖度的相关系数，得到的相关系数矩阵；根据相关系数矩阵制作相关系数分布图，图中横坐标和纵坐标均为波长，不同的色彩表示该位置对应的波长组合得到的光谱参数与黄桃糖度的相关系数值。具体结果如下。

4.4.1　基于原始反射光谱的光谱参数

基于原始反射光谱的光谱参数分别记为$NDSI_{Ref}$、RSI_{Ref}和DSI_{Ref}，其与黄桃糖度相关系数分布图如图4-7所示；分别提取$NDSI_{Ref}$、RSI_{Ref}和DSI_{Ref}中相关系数的最大值及相对应的波段组合，结果如表4-6所示。与黄桃糖度相

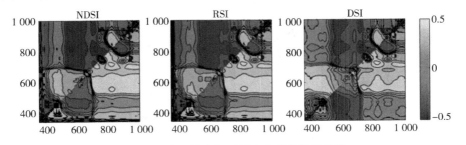

图4-7　黄桃糖度与反射率光谱参数相关性

关系数最高的光谱参数为 721nm 和 816nm 组合得到的 $NDSI_{Ref}$，相关系数达到 0.543；其次是 722nm 和 816nm 组合得到的 RSI_{Ref}，相关系数为 0.542；再次是 722nm 和 817nm 组合得到的 DSI_{Ref}，相关系数为 0.540。通过两波段组合得到的 3 个光谱参数与黄桃糖度的相关性均高于单个波段的原始光谱反射率。

表 4-6　黄桃糖度与原始反射光谱参数相关性

光谱指数	波段组合（nm）	相关系数
$NDSI_{Ref}$	721，816	0.543
RSI_{Ref}	722，816	0.542
DSI_{Ref}	722，817	0.540

4.4.2　基于一阶导数的光谱指数

基于一阶导数光谱的光谱参数分别记为 $NDSI_{FD}$、RSI_{FD} 和 DSI_{FD}，其与黄桃糖度相关系数分布图如图 4-8 所示；分别提取 $NDSI_{FD}$、RSI_{FD} 和 DSI_{FD} 中相关系数的最大值及相对应的波段组合，结果如表 4-7 所示。与黄桃糖度相关系数最高的光谱参数为 534nm 和 829nm 组合得到的 RSI_{FD}，相关系数达到 0.608；其次是 552nm 和 792nm 组合得到的 $NDSI_{FD}$，相关系数为 0.601；再次是 525nm 和 786nm 组合得到的 DSI_{FD}，相关系数为 0.576。通过两波段组合得到的 3 个光谱参数与黄桃糖度的相关性均高于单个波段的一阶导数光谱反射率，也高于基于原始反射光谱构建的两波段光谱参数。

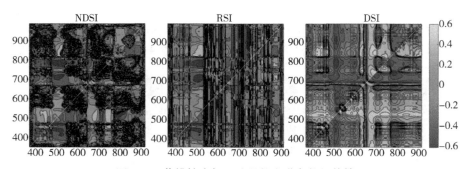

图 4-8　黄桃糖度与一阶导数光谱参数相关性

表 4-7　黄桃糖度与一阶导数光谱参数相关性

光谱指数	波段组合（nm）	相关系数
NDSI$_{FD}$	552，792	0.601
RSI$_{FD}$	534，829	0.608
DSI$_{FD}$	525，786	0.576

4.4.3　基于二阶导数的光谱指数

基于二阶导数光谱的光谱参数分别记为 NDSI$_{SD}$、RSI$_{SD}$ 和 DSI$_{SD}$，其与黄桃糖度相关系数分布图如图 4-9 所示；分别提取 NDSI$_{SD}$、RSI$_{SD}$ 和 DSI$_{SD}$ 中相关系数的最大值及相对应的波段组合，结果如表 4-8 所示。与黄桃糖度相关系数最高的光谱参数为 570nm 和 819nm 组合得到的 DSI$_{SD}$，相关系数达到 0.622；其次是 569nm 和 820nm 组合得到的 RSI$_{SD}$，相关系数为 0.614；再次是 570nm 和 820nm 组合得到的 NDSI$_{SD}$，相关系数为 0.606。通过两波段组合得到的 3 个光谱参数与黄桃糖度的相关性均高于单个波段的二阶导数光谱反射率，也高于基于原始反射光谱和一阶导数光谱构建的两波段光谱参数。

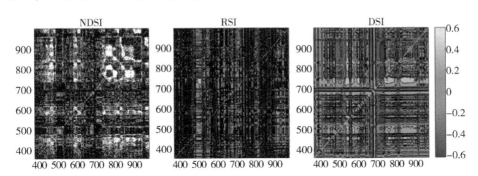

图 4-9　黄桃糖度与二阶导数光谱参数相关性

表 4-8　黄桃糖度与二阶导数光谱参数相关性

光谱指数	波段组合（nm）	相关系数
NDSI$_{SD}$	570，820	0.606
RSI$_{SD}$	569，820	0.614
DSI$_{SD}$	570，819	0.622

4.4.4 基于散射校正光谱的光谱指数

基于二阶导数光谱的光谱参数分别记为 $NDSI_{MSC}$、RSI_{MSC} 和 DSI_{MSC}，其与黄桃糖度相关系数分布图如图 4-10 所示；分别提取 $NDSI_{MSC}$、RSI_{MSC} 和 DSI_{MSC} 中相关系数的最大值及相对应的波段组合，结果如表 4-9 所示。与黄桃糖度相关系数最高的光谱参数为 721nm 和 816nm 组合得到的 DSI_{MSC}，相关系数达到 0.551；其次是 721nm 和 816nm 组合得到的 $NDSI_{MSC}$，相关系数为 0.549；再次是 721nm 和 816nm 组合得到的 $RDSI_{MSC}$，相关系数为 0.546。通过两波段组合得到的 3 个光谱参数与黄桃糖度的相关性没有超过单波段多元散射校正光谱与黄桃糖度相关系数的最大值。

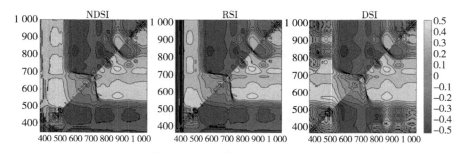

图 4-10 黄桃糖度与多元散射校正光谱参数相关性

表 4-9 黄桃糖度与一阶导数光谱参数相关性

光谱指数	波段组合（nm）	相关系数
$NDSI_{MSC}$	721，816	0.549
RSI_{MSC}	721，816	0.546
DSI_{MSC}	721，816	0.551

4.5 总 结

综上分析可知，不同糖度的黄桃的高光谱反射率有着显著的差异。黄桃糖度与原始反射光谱、一阶导数光谱、二阶导数光谱和多元散射校正光谱在多个波段上都显著相关。此外，黄桃糖度也与这几种形式光谱波段组合构建的光谱指数显著相关。以上分析结果表明，光谱能够反映出不同糖度黄桃的差异，可以使用光谱来对黄桃糖度进行无损检测。

5 黄桃糖度高光谱反演模型

要实现基于高光谱的黄桃糖度无损检测，需要建立根据光谱数据反演黄桃糖度的模型。将所有样本数据按 4∶1 的比例分类两个数据集，其中 80% 为建模数据集记为 cal，共计 1 080 个样本；20% 为验证数据集，记为 val，共计 270 个样本。使用建模数据集，以光谱数据作为自变量，构建黄桃糖度反演模型；使用验证数据集对模型进行检验。将光谱数据代入模型，计算糖度预测值，使用糖度预测值和实测值的决定系数 R^2 和均方根误差 RMSE 作为模型精度检验标准，R^2 越接近于 1，RMSE 越接近于 0，模型精度越高。此外制作验证数据集中实测值与预测值的散点图，散点分布越接近 1∶1 线，表明模型预测值越接近真实值，即模型越精确。

本部分将采用多种类型的光谱数据、变量选择方法和建模算法，构建多个黄桃糖度高光谱反演模型。结合前文分析，本章中使用的光谱数据的类型包括：原始反射光谱（Ref）、一阶导数光谱（FD）、二阶导数光谱（SD）和多元散射校正光谱（MSC）。高光谱数据波段众多，使用所有波段上的数据记为 All，作为自变量建立的模型较为复杂；通过特定方法筛选特征波段，一方面可以简化模型，更主要的是由于不相关或非线性变量的剔除，有可能会得到预测能力强、稳健性好的模型。分别使用相关系数法（CC）、逐步回归法（SR）和连续投影法（SPA），对原始 Ref、FD、SD 和 MSC 4 种形式的光谱波段进行选择，使用优选波段作为建模变量。使用的建模算法包括：多元线性回归（MLR）、偏最小二乘回归（PLSR）、支持向量机回归（SVR）、高斯过程回归（GPR）和人工神经网络（ANN）。分别使用 4 种类型光谱数据、4 种波段选择方法、5 种建模算法，构建不同的反演模型，比较各模型的建模精度和验证精度，寻找最优的光谱类型、波段选择方法和建模算法，最终得到最优的黄桃糖度反演模型。

5.1 全波段模型

本节将所有波段上的光谱数据作为自变量，分别使用不同类型光谱和不同建模算法，构建黄桃糖度反演模型。

5.1.1 基于全波段原始反射光谱的模型

原始反射光谱具有 651 个波段，即 651 个自变量。以全部波段的原始光谱反射率数据为自变量，分别构建 TD-Ref-All-MLR、TD-Ref-All-PLSR、TD-Ref-All-SVR、TD-Ref-All-GPR 和 TD-Ref-All-ANN 5 个黄桃糖度反演模型，模型建模集和验证集精度检验结果如表 5-1 所示，验证集糖度实测值与预测值散点图如图 5-1 所示。

表 5-1　基于全波段原始反射光谱的黄桃糖度反演模型

模型	自变量数目	建模集		验证集	
		R_{cal}^2	$RMSE_{cal}$	R_{val}^2	$RMSE_{val}$
TD-Ref-All-MLR		0.940	0.357	0.518	1.286
TD-Ref-All-PLSR		0.498	1.070	0.452	1.110
TD-Ref-All-SVR	651	0.769	0.601	0.550	0.823
TD-Ref-All-GPR		0.849	0.515	0.769	0.650
TD-Ref-All-ANN		0.855	0.573	0.675	0.935

对比各模型建模集的 R_{cal}^2 和 $RMSE_{cal}$ 可以看出，建模精度最高的模型是基于 MLR 算法的 TD-Ref-All-MLR 模型，R_{cal}^2 达到 0.940，接近于 1，为同组所有模型中的最高值；$RMSE_{cal}$ 为 0.357，为同组所有模型中的最低值。其次是基于 ANN 算法的 TD-Ref-All-ANN 模型，R_{cal}^2 为 0.855，$RMSE_{cal}$ 为 0.573。基于 GPR 算法的 TD-Ref-All-GPR 模型精度，R_{cal}^2 为 0.849，低于 TD-Ref-All-ANN；但 $RMSE_{cal}$ 为 0.515，误差小于 TD-Ref-All-ANN；总体来说 TD-Ref-All-GPR 模型与 TD-Ref-All-ANN 模型建模精度较为接近。基于 SVR 算法的 TD-Ref-All-SVR 模型建模精度也较高，R_{cal}^2 为 0.769，$RMSE_{cal}$ 为 0.601。建模精度最低的是基于 PLSR 算法的 TD-Ref-All-PLSR 模型，R_{cal}^2 仅为 0.498，$RMSE_{cal}$ 为 1.070。

对比各模型验证集的 R_{val}^2 和 $RMSE_{val}$，结合图 5-1 可以看出，各模型中，验证精度最高的是 TD-Ref-All-GPR 模型，R_{val}^2 为 0.769，$RMSE_{val}$ 为 0.650；验证集糖度的实测值与预测值构成的散点集中分布在 1∶1 线两侧，表明预测值与实测值较为一致，差异较小。其次是 TD-Ref-All-ANN 模型，R_{val}^2 为 0.675，$RMSE_{val}$ 为 0.935；验证集糖度的实测值与预测值构成的散点大部分集中分布在 1∶1 线两侧，少量偏离 1∶1 线较大，表明预测值与实测值差异

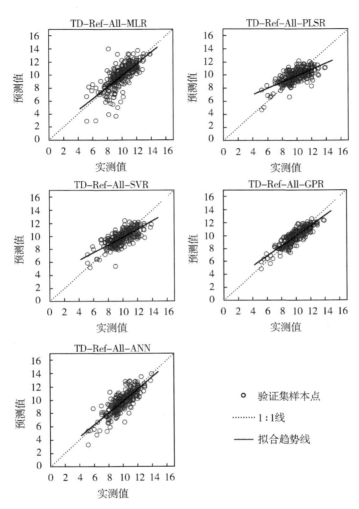

图 5-1　基于全波段原始反射光谱的黄桃糖度反演模型
验证集实测值与预测值散点图

较 TD-Ref-All-GPR 模型有所增大。再次是 TD-Ref-All-SVR 模型，R_{val}^2 为 0.550，$RMSE_{val}$ 为 0.823；验证集糖度的实测值与预测值构成的散点偏离 1∶ 1 线的数量较多，表明预测值与实测值有较大的差异。建模精度最高的 TD-Ref-All-MLR 模型的验证精度反而较低，R_{val}^2 为 0.518，$RMSE_{val}$ 为 1.286。建模精度最低的 TD-Ref-All-PLSR 模型的验证精度也最低，R_{val}^2 为 0.452，

RMSE$_{val}$为 1.110。这两个验证集糖度的实测值与预测值构成的散点严重偏离 1:1 线，表明预测值与实测值有较大的差异。

综上分析，在 5 个基于全部波段的原始光谱反射率数据构建的黄桃糖度反演模型中，TD-Ref-All-GPR 模型的建模精度和验证精度都比较高，对黄桃糖度的预测效果最好，模型最为稳定，是本组的最优模型。

5.1.2　基于全波段一阶导数光谱的模型

一阶导数光谱具有 637 个波段，即 637 个自变量。以全部波段的一阶导数光谱数据为自变量，分别构建 TD-FD-All-MLR、TD-FD-All-PLSR、TD-FD-All-SVR、TD-FD-All-GPR 和 TD-FD-All-ANN 5 个黄桃糖度反演模型，模型建模集和验证集精度检验结果如表 5-2 所示，验证集糖度实测值与预测值散点图如图 5-2 所示。

表 5-2　基于全波段一阶导数光谱的黄桃糖度反演模型

模型	自变量数目	建模集		验证集	
		R_{cal}^2	RMSE$_{cal}$	R_{val}^2	RMSE$_{val}$
TD-FD-All-MLR		0.937	0.365	0.543	1.240
TD-FD-All-PLSR		0.771	0.725	0.741	0.763
TD-FD-All-SVR	637	0.781	0.576	0.755	0.614
TD-FD-All-GPR		0.905	0.423	0.813	0.600
TD-FD-All-ANN		0.864	0.561	0.687	0.935

对比各模型建模集的 R_{cal}^2 和 RMSE$_{cal}$可以看出，建模精度最高的模型是基于 MLR 算法的 TD-FD-All-MLR 模型，R_{cal}^2达到 0.937，接近于 1，为同组所有模型中的最高值；RMSE$_{cal}$为 0.365，为同组所有模型中的最低值。其次是基于 GPR 算法的 TD-FD-All-GPR 模型，R_{cal}^2为 0.905，RMSE$_{cal}$为 0.423。再次是基于 ANN 算法的 TD-FD-All-ANN 模型精度，R_{cal}^2为 0.864，RMSE$_{cal}$为 0.561。基于 SVR 算法的 TD-FD-All-SVR 模型和基于 PLSR 算法的 TD-FD-All-PLSR 模型建模精度也较高，R_{cal}^2分别为 0.781 和 0.771，RMSE$_{cal}$分别为 0.576 和 0.725。

对比各模型验证集的 R_{val}^2 和 RMSE$_{val}$，结合图 5-2 可以看出，各模型中，验证精度最高的是 TD-FD-All-GPR 模型，R_{val}^2为 0.813，RMSE$_{val}$为 0.600；验证集糖度的实测值与预测值构成的散点集中分布在 1:1 线两侧，表明预测值与实测值较为一致，差异较小。其次是 TD-FD-All-SVR 模型和 TD-

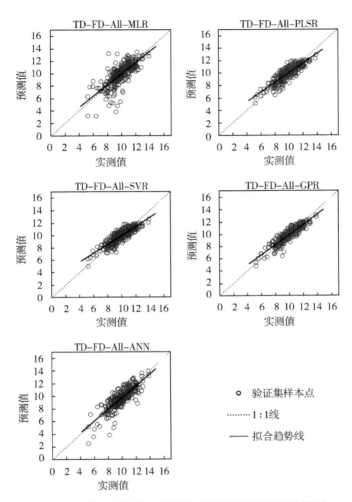

图 5-2 基于全波段一阶导数光谱的黄桃糖度反演模型
验证集实测值与预测值散点图

FD-All-PLSR 模型，R_{val}^2 分别为 0.755 和 0.741，RMSE$_{val}$ 分别为 0.614 和 0.763；验证集糖度的实测值与预测值构成的散点大部分集中分布在 1：1 线两侧，少量偏离 1：1 线较大，表明预测值与实测值差异较 TD-FD-All-GPR 模型有所增大。再次是 TD-FD-All-ANN 模型，R_{val}^2 为 0.687，RMSE$_{val}$ 为 0.935；验证集糖度的实测值与预测值构成的散点偏离 1：1 线的数量较多，这一现象在糖度值较低时表现较为明显，表明预测值与实测值有较大的差异。建模精度最高的 TD-FD-All-MLR 模型的验证精度反而最低，R_{val}^2 为 0.543，$RMSE_{val}$ 为 1.240，验证集糖度的实测值与预测值构成的散点严重偏离 1∶1 线，这一现象在糖度值较低时表现尤为明显，表明该模型的稳定性较差。

综上分析，在 5 个基于全部波段的一阶导数光谱数据构建的黄桃糖度反演模型中，TD-FD-All-GPR 模型的建模精度和验证精度都比较高，对黄桃糖度的预测效果最好，模型最为稳定，是本组的最优模型。基于全部波段的一阶导数光谱数据构建的黄桃糖度反演模型精度普遍高于同类型的基于原始反射光谱数据建立的模型，表明一阶导数处理能够显著提高模型精度，这也与前文中黄桃糖度与一阶导数光谱相关性更高的结果相吻合。

5.1.3 基于全波段二阶导数光谱的模型

二阶导数光谱具有 637 个波段，即 637 个自变量。以全部波段的二阶导数光谱数据为自变量，分别构建 TD-SD-All-MLR、TD-SD-All-PLSR、TD-SD-All-SVR、TD-SD-All-GPR 和 TD-SD-All-ANN 5 个黄桃糖度反演模型，模型建模集和验证集精度检验结果如表 5-3 所示，验证集糖度实测值与预测值散点图如图 5-3 所示。

表 5-3 基于全波段二阶导数光谱的黄桃糖度反演模型

模型	自变量数目	建模集		验证集	
		R_{cal}^2	$RMSE_{cal}$	R_{val}^2	$RMSE_{val}$
TD-SD-All-MLR		0.930	0.384	0.505	1.292
TD-SD-All-PLSR		0.718	0.802	0.604	0.945
TD-SD-All-SVR	637	0.876	0.432	0.717	0.600
TD-SD-All-GPR		0.947	0.315	0.771	0.626
TD-SD-All-ANN		0.850	0.567	0.564	1.073

对比各模型建模集的 R_{cal}^2 和 $RMSE_{cal}$ 可以看出，建模精度最高的模型是基于 GPR 算法的 TD-SD-All-GPR 模型，R_{cal}^2 达到 0.947，接近于 1，为同组所有模型中的最高值；$RMSE_{cal}$ 为 0.315，为同组所有模型中的最低值。其次是基于 MLR 算法的 TD-SD-All-MLR 模型，R_{cal}^2 为 0.930，$RMSE_{cal}$ 为 0.384。再次是基于 SVR 算法的 TD-SD-All-SVR 模型精度，R_{cal}^2 为 0.876，$RMSE_{cal}$ 为 0.432。再次是基于 ANN 算法的 TD-SD-All-ANN 模型精度，R_{cal}^2 为 0.850，$RMSE_{cal}$ 为 0.567。基于 PLSR 算法的 TD-SD-All-PLSR 模型建模

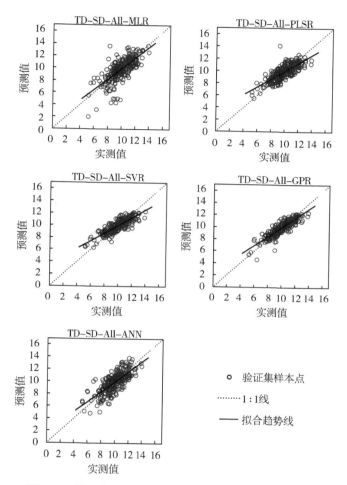

图 5-3 基于全波段二阶导数光谱的黄桃糖度反演模型
验证集实测值与预测值散点图

精度也较高，R_{cal}^2 为 0.718，RMSE$_{cal}$ 为 0.802。

对比各模型验证集的 R_{val}^2 和 RMSE$_{val}$，结合图 5-3 可以看出，各模型中，验证精度最高的是 TD-SD-All-GPR 模型，R_{val}^2 为 0.771，RMSE$_{val}$ 为 0.626；验证集糖度的实测值与预测值构成的散点集中分布在 1∶1 线两侧，表明预测值与实测值较为一致，差异较小。其次是 TD-SD-All-SVR 模型，R_{val}^2 为 0.717，RMSE$_{val}$ 为 0.600；验证集糖度的实测值与预测值构成的散点大部分集中分布在 1：1 线两侧，少量偏离 1：1 线较大。再次是 TD-SD-All-PLSR 模型，R_{val}^2 为 0.604，$RMSE_{val}$ 为 0.945；验证集糖度的实测值与预测值构成的散点偏离 1：1 线的数量较多，表明预测值与实测值有较大的差异。建模精度较高的 TD-SD-All-MLR 模型和 TD-SD-All-ANN 模型的验证精度反而比较低，R_{val}^2 分别为 0.505 和 0.564，$RMSE_{val}$ 分别为 1.292 和 1.073，验证集糖度的实测值与预测值构成的散点偏离 1：1 线比较严重，表明该模型的稳定性较差。

综上分析，在 5 个基于全部波段的二阶导数光谱数据构建的黄桃糖度反演模型中，TD-SD-All-GPR 模型的建模精度和验证精度最高，对黄桃糖度的预测效果最好，模型最为稳定，是本组的最优模型。基于全部波段的二阶导数光谱数据构建的黄桃糖度反演模型精度普遍高于同类型的基于原始反射光谱数据建立的模型，但低于基于二阶导数光谱数据建立的模型。这表明二阶导数处理也能够提高模型精度，但提升程度略低于一阶导数，这与前文中黄桃糖度与二阶导数光谱相关性分析的结果相吻合。

5.1.4 基于全波段多元散射校正光谱的模型

多元散射校正光谱具有 651 个波段，即 651 个自变量。以全部波段的多元散射校正光谱数据为自变量，分别构建 TD-MSC-All-MLR、TD-MSC-All-PLSR、TD-MSC-All-SVR、TD-MSC-All-GPR 和 TD-MSC-All-ANN 5 个黄桃糖度反演模型，模型建模集和验证集精度检验结果如表 5-4 所示，验证集糖度实测值与预测值散点图如图 5-4 所示。

表 5-4　基于全波段多元散射校正光谱的黄桃糖度反演模型

模型	自变量数目	建模集		验证集	
		R_{cal}^2	$RMSE_{cal}$	R_{val}^2	$RMSE_{val}$
TD-MSC-All-MLR		0.941	0.354	0.508	1.345
TD-MSC-All-PLSR		0.428	1.139	0.410	1.152
TD-MSC-All-SVR	651	0.594	0.675	0.556	0.694
TD-MSC-All-GPR		0.874	0.477	0.788	0.639
TD-MSC-All-ANN		0.807	0.632	0.638	0.891

对比各模型建模集的 R_{cal}^2 和 $RMSE_{cal}$ 可以看出，建模精度最高的模型是基于 MLR 算法的 TD-MSC-All-MLR 模型，R_{cal}^2 达到 0.941，接近于 1，为同组所有模型中的最高值；$RMSE_{cal}$ 为 0.354，为同组所有模型中的最低值。其

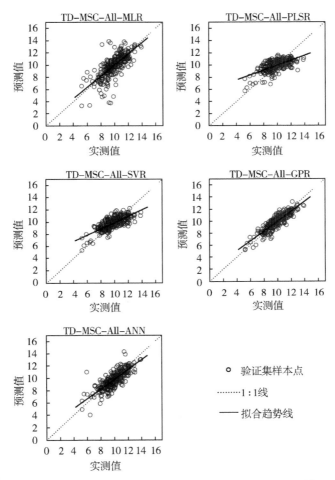

图 5-4 基于全波段多元散射校正光谱的黄桃糖度反演模型
验证集实测值与预测值散点图

次是基于 GPR 算法的 TD-MSC-All-GPR 模型，R_{cal}^2 为 0.874，RMSE$_{cal}$ 为 0.477。再次是基于 ANN 算法的 TD-MSC-All-ANN 模型精度，R_{cal}^2 为 0.807，RMSE$_{cal}$ 为 0.632。再次是基于 SVR 算法的 TD-MSC-All-SVR 模型，R_{cal}^2 为 0.594，RMSE$_{cal}$ 为 0.675。建模精度最低的是基于 PLSR 算法的 TD-MSC-All-PLSR 模型，R_{cal}^2 仅为 0.428，RMSE$_{cal}$ 为 1.139。

对比各模型验证集的 R_{val}^2 和 RMSE$_{val}$，结合图 5-4 可以看出，各模型中，验证精度最高的是 TD－MSC－All－GPR 模型，R_{val}^2 为 0.788，RMSE$_{val}$ 为 0.639；验证集糖度的实测值与预测值构成的散点集中分布在 1∶1 线两侧，表明预测值与实测值较为一致，差异较小。其次是 TD－MSC－All－ANN 模型，R_{val}^2 为 0.638，RMSE$_{val}$ 为 0.891；验证集糖度的实测值与预测值构成的散点大部分集中分布在 1∶1 线两侧，少量偏离 1∶1 线较大，表明预测值与实测值差异较 TD－MSC－All－GPR 模型有所增大。再次是 TD－MSC－All－SVR 模型，R_{val}^2 为 0.556，RMSE$_{val}$ 为 0.694；验证集糖度的实测值与预测值构成的散点偏离 1∶1 线的数量较多，表明预测值与实测值有较大的差异。建模精度最高的 TD－MSC－All－MLR 模型的验证精度反而较低，R_{val}^2 为 0.508，RMSE$_{val}$ 为 1.345。建模精度最低的 TD－MSC－All－PLSR 模型的验证精度也最低，R_{val}^2 为 0.410，RMSE$_{val}$ 为 1.152。这两个验证集糖度的实测值与预测值构成的散点严重偏离 1∶1 线，表明预测值与实测值有较大的差异。

综上分析，在 5 个基于全部波段的多元散射校正光谱数据构建的黄桃糖度反演模型中，TD-MSC-All-GPR 模型的建模精度和验证精度都比较高，对黄桃糖度的预测效果最好，模型最为稳定，是本组的最优模型。基于全波段多元散射校正光谱的黄桃糖度反演模型精度总体上略低于基于全波段原始反射率光谱的模型，更低于基于导数光谱的模型。

5.1.5　小　结

综上，在基于全波段的 4 种不同类型光谱的黄桃糖度反演模型中，基于全波段一阶导数光谱的模型精度最高；各类算法中，基于 GPR 算法的模型精度最高；TD－FD－All－GPR 模型的建模精度 R_{cal}^2 为 0.905，RMSE$_{cal}$ 为 0.423，验证精度 R_{val}^2 为 0.813，RMSE$_{val}$ 为 0.600，是全波段光谱模型中精度最高、稳定性最好的模型。

5.2　基于相关系数法的波段选择模型

本节将光谱数据中的每个波段对应的光谱值与黄桃糖度进行相关系数计算，对应相关系数越大的波长，光谱值与黄桃糖度的关系就越强；结合数据特征，选定一个阈值，选取相关系数大于该阈值的波段参与模型建立。

5.2.1　基于相关系数法波段选择原始反射光谱的模型

设置阈值为 0.4，选择相关系数绝对值大于 0.4 的 111 个波段上的原始光谱反射率数据作为自变量（表 5-5），分别构建 TD-Ref-CC-MLR、TD-Ref-CC-PLSR、TD-Ref-CC-SVR、TD-Ref-CC-GPR 和 TD-Ref-CC-ANN 5 个黄桃糖度反演模型，模型建模集和验证集精度检验结果如表 5-6 所示，验证集糖度实测值与预测值散点图如图 5-5 所示。

表 5-5　原始反射光谱基于相关系数法选择建模入选波长

（单位：nm）

549	563	577	591	605	619	633	647
550	564	578	592	606	620	634	648
551	565	579	593	607	621	635	649
552	566	580	594	608	622	636	650
553	567	581	595	609	623	637	651
554	568	582	596	610	624	638	652
555	569	583	597	611	625	639	653
556	570	584	598	612	626	640	654
557	571	585	599	613	627	641	655
558	572	586	600	614	628	642	656
559	573	587	601	615	629	643	657
560	574	588	602	616	630	644	691
561	575	589	603	617	631	645	692
562	576	590	604	618	632	646	

表 5-6　基于相关系数法波段选择的原始反射光谱的黄桃糖度反演模型

模型	自变量数目	建模集		验证集	
		R_{cal}^2	$RMSE_{cal}$	R_{val}^2	$RMSE_{val}$
TD-Ref-CC-MLR		0.530	0.751	0.443	0.820
TD-Ref-CC-PLSR		0.204	1.343	0.167	1.364
TD-Ref-CC-SVR	111	0.476	0.677	0.382	0.739
TD-Ref-CC-GPR		0.552	0.701	0.409	0.955
TD-Ref-CC-ANN		0.465	0.725	0.424	0.781

对比各模型建模集的 R_{cal}^2 和 $RMSE_{cal}$ 可以看出，建模精度最高的模型是基于 GPR 算法的 TD-Ref-CC-GPR 模型，R_{cal}^2 为 0.552，为同组所有模型中的最高值，$RMSE_{cal}$ 为 0.701；其次是基于 MLR 算法的 TD-Ref-CC-MLR 模型，R_{cal}^2 为 0.530，$RMSE_{cal}$ 为 0.751；再次是基于 SVR 算法的 TD-Ref-CC-

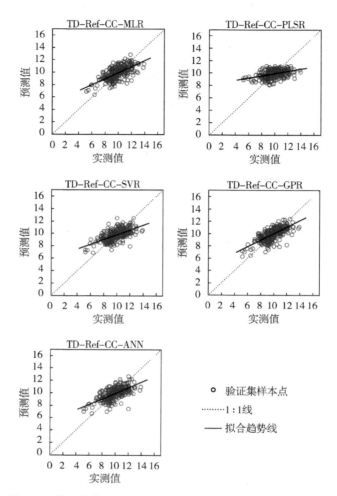

图 5-5 基于相关系数法波段选择的原始反射光谱的黄桃糖度
反演模型验证集糖度实测值与预测值散点图

SVR 模型，R_{cal}^2 为 0.476，$RMSE_{cal}$ 为 0.677；再次是基于 ANN 算法的 TD-Ref-CC-ANN 模型，R_{cal}^2 为 0.465，$RMSE_{cal}$ 为 0.725；基于 PLSR 算法的 TD-Ref-CC-PLSR 模型的精度，R_{cal}^2 仅为 0.204，$RMSE_{cal}$ 为 1.343。

　　对比各模型验证集的 R_{val}^2 和 $RMSE_{val}$，各模型中，TD-Ref-CC-MLR 模型和 TD-Ref-CC-ANN 模型的验证精度相对较高，R_{val}^2 分别为 0.443 和 0.424，$RMSE_{val}$ 分别为 0.820 和 0.781。其次是 TD-Ref-CC-GPR 模型，R_{val}^2

为 0.409，RMSE$_{val}$为 0.955。再次是 TD-Ref-CC-SVR 模型，R_{val}^2 为 0.382，RMSE$_{val}$为 0.739。TD-Ref-CC-PLSR 模型的验证精度最低，R_{val}^2 为 0.167，RMSE$_{val}$为 1.364。结合图 5-5，各模型验证集糖度的实测值与预测值构成的散点都严重偏离 1∶1 线，表明预测值与实测值有较大的差异。

综上分析，基于相关系数波段选择的原始反射光谱数据构建的 5 个黄桃糖度反演模型 R_{cal}^2 最大不超过 0.6，R_{val}^2 最大不超过 0.5，精度整体较低，不能准确预测黄桃的糖度值。

5.2.2 基于相关系数法波段选择一阶导数光谱的模型

设置阈值为 0.4，选择相关系数绝对值大于 0.4 的 58 个波段上的一阶导数光谱数据作为自变量（表 5-7），分别构建 TD-FD-CC-MLR、TD-FD-CC-PLSR、TD-FD-CC-SVR、TD-FD-CC-GPR 和 TD-FD-CC-ANN 5 个黄桃糖度反演模型，模型建模集和验证集精度检验结果如表 5-8 所示，验证集糖度实测值与预测值散点图如图 5-6 所示。

表 5-7　一阶导数光谱基于相关系数法选择建模入选波长

（单位：nm）

475	523	531	669	776	784	792	800
476	524	532	670	777	785	793	801
517	525	533	671	778	786	794	
518	526	534	672	779	787	795	
519	527	535	722	780	788	796	
520	528	536	723	781	789	797	
521	529	537	724	782	790	798	
522	530	538	725	783	791	799	

表 5-8　基于相关系数法波段选择的一阶导数光谱的黄桃糖度反演模型

模型	自变量数目	建模集		验证集	
		R_{cal}^2	RMSE$_{cal}$	R_{val}^2	RMSE$_{val}$
TD-FD-CC-MLR		0.490	0.752	0.435	0.785
TD-FD-CC-PLSR		0.371	1.193	0.330	1.224
TD-FD-CC-SVR	58	0.604	0.725	0.517	0.861
TD-FD-CC-GPR		0.830	0.475	0.510	0.754
TD-FD-CC-ANN		0.555	0.811	0.531	0.823

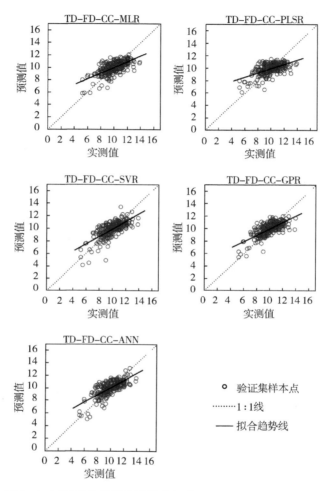

图 5-6　基于相关系数法波段选择的一阶导数光谱的黄桃糖度
反演模型验证集糖度实测值与预测值散点图

对比各模型建模集的 R_{cal}^2 和 $RMSE_{cal}$ 可以看出，建模精度最高的是基于 GPR 算法的 TD-FD-CC-GPR 模型，R_{cal}^2 达到 0.830，为同组所有模型中的最高值；$RMSE_{cal}$ 为 0.475，为同组所有模型中的最低值。其次是基于 SVR 算法的 TD-FD-CC-SVR 模型，R_{cal}^2 为 0.604，$RMSE_{cal}$ 为 0.725。再次是基于 ANN 算法的 TD-FD-CC-ANN 模型，R_{cal}^2 为 0.555，$RMSE_{cal}$ 为 0.811。从次

是基于 MLR 算法的 TD-FD-CC-MLR 模型，R_{cal}^2 为 0.490，RMSE$_{cal}$ 为 0.752。建模精度最低的是基于 PLSR 算法的 TD-FD-CC-PLSR 模型，R_{cal}^2 仅为 0.371，RMSE$_{cal}$ 为 1.193。

对比各模型验证集的 R_{val}^2 和 RMSE$_{val}$，各模型中，TD-FD-CC-ANN 模型的验证精度相对较高，R_{val}^2 为 0.531，RMSE$_{val}$ 为 0.823。其次是 TD-FD-CC-SVR 模型和 TD-FD-CC-GPR 模型，R_{val}^2 分别为 0.517 和 0.510，RMSE$_{val}$ 分别为 0.861 和 0.754。再次是 TD-FD-CC-MLR 模型，R_{val}^2 为 0.435，RMSE$_{val}$ 为 0.785。TD-FD-CC-PLSR 模型的验证精度最低，R_{val}^2 为 0.330，RMSE$_{val}$ 为 1.224。结合图 5-6，各模型验证集糖度的实测值与预测值构成的散点都严重偏离 1∶1 线，表明预测值与实测值差异较大。

综上分析，基于相关系数波段选择的一阶导数光谱数据构建的黄桃糖度反演模型的精度总体高于原始反射光谱数据。5 个模型中，尽管 TD-FD-CC-GPR 模型建模精度较高，但验证 R_{cal}^2 低于 0.6，预测值与实测值差异较大，精度不能满足实际检测需求。其他模型的建模精度和验证精度 R^2 最大仅为 0.604，精度都比较低，不能准确预测黄桃的糖度值。

5.2.3 基于相关系数法波段选择二阶导数光谱的模型

设置阈值为 0.4，选择相关系数绝对值大于 0.4 的 71 个波段上的二阶导数光谱数据作为自变量（表 5-9），分别构建 TD-SD-CC-MLR、TD-SD-CC-PLSR、TD-SD-CC-SVR、TD-SD-CC-GPR 和 TD-SD-CC-ANN 5 个黄桃糖度反演模型，模型建模集和验证集精度检验结果如表 5-10 所示，验证集糖度实测值与预测值散点图如图 5-7 所示。

表 5-9 二阶导数光谱基于相关系数法选择建模入选波长

（单位：nm）

453	541	550	607	727	736	745	820
470	542	568	608	728	737	746	821
471	543	569	609	729	738	747	822
472	544	570	643	730	739	772	823
473	545	571	654	731	740	773	824
537	546	572	655	732	741	774	856
538	547	573	656	733	742	775	863

（续表）

| 539 | 548 | 574 | 725 | 734 | 743 | 776 | 864 |
| 540 | 549 | 606 | 726 | 735 | 744 | 777 | |

表5-10　基于相关系数法波段选择的二阶导数光谱的黄桃糖度反演模型

模型	自变量数目	建模集		验证集	
		R_{cal}^2	RMSE$_{cal}$	R_{val}^2	RMSE$_{val}$
TD-SD-CC-MLR		0.467	0.751	0.372	0.886
TD-SD-CC-PLSR		0.397	1.170	0.248	1.303
TD-SD-CC-SVR	71	0.419	0.754	0.364	0.851
TD-SD-CC-GPR		0.785	0.501	0.516	0.698
TD-SD-CC-ANN		0.540	0.775	0.462	0.887

对比各模型建模集的R_{cal}^2和RMSE$_{cal}$可以看出，建模精度最高的模型是基于GPR算法的TD-SD-CC-GPR模型，R_{cal}^2达到0.785，为同组所有模型中的最高值；RMSE$_{cal}$为0.501，为同组所有模型中的最低值。其次是基于ANN算法的TD-SD-CC-ANN模型，R_{cal}^2为0.540，RMSE$_{cal}$为0.775。再次是基于MLR算法的TD-SD-CC-MLR模型，R_{cal}^2为0.467，RMSE$_{cal}$为0.751。从次是基于SVR算法的TD-SD-CC-SVR模型，R_{cal}^2为0.419，RMSE$_{cal}$为0.754。建模精度最低的是基于PLSR算法的TD-SD-CC-PLSR模型，R_{cal}^2仅为0.397，RMSE$_{cal}$为1.170。

对比各模型验证集的R_{val}^2和RMSE$_{val}$，各模型中，TD-SD-CC-GPR模型的验证精度相对较高，R_{val}^2为0.516，RMSE$_{val}$为0.698。其次是TD-SD-CC-ANN模型，R_{val}^2为0.462，RMSE$_{val}$为0.887。再次是TD-SD-CC-MLR模型和TD-SD-CC-SVR模型，R_{val}^2分别为0.372和0.364，RMSE$_{val}$分别为0.886和0.851。TD-SD-CC-PLSR模型的验证精度最低，R_{val}^2为0.248，RMSE$_{val}$为1.303。结合图5-7，各模型验证集糖度的实测值与预测值构成的散点严重偏离1:1线，表明预测值与实测值有较大的差异。

综上分析，基于相关系数波段选择的一阶导数光谱数据构建的黄桃糖度反演模型的精度总体高于基于相关系数波段选择的原始反射光谱数据模型，但低于基于相关系数波段选择的一阶导数光谱模型。5个模型中，TD-SD-CC-GPR模型建模精度较高，但验证R_{cal}^2低于0.6，预测值与实测值差异较大，精度不能满足实际检测需求。其他模型的建模精度和验证精度R^2均低于

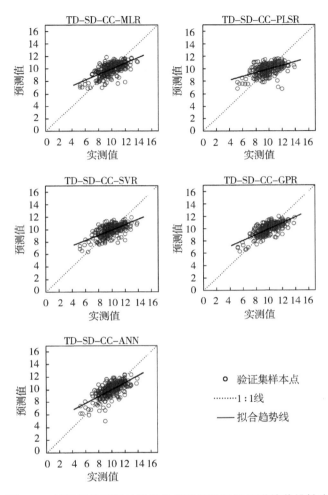

图 5-7 基于相关系数法波段选择的二阶导数光谱的黄桃糖度
反演模型验证集糖度实测值与预测值散点图

0.5，精度都比较低，不能准确预测黄桃的糖度值。

5.2.4 基于相关系数法波段选择多元散射校正光谱的模型

由于多元散射校正光谱与黄桃糖度在大部分波段的相关系数绝对值都高于0.4，因此提高选择标准，设置阈值为0.5，选择相关系数绝对值大于0.5

的 57 个波段上的一阶导数光谱数据作为自变量（表 5-11），分别构建 TD-MSC-CC-MLR、TD-MSC-CC-PLSR、TD-MSC-CC-SVR、TD-MSC-CC-GPR 和 TD-MSC-CC-ANN 5 个黄桃糖度反演模型，模型建模集和验证集精度检验结果如表 5-12 所示，验证集糖度实测值与预测值散点图如图 5-8 所示。

表 5-11　多元散射校正光谱基于相关系数法选择建模入选波长

（单位：nm）

563	796	803	810	817	824	831	838
564	797	804	811	818	825	832	839
565	798	805	812	819	826	833	840
566	799	806	813	820	827	834	841
567	800	807	814	821	828	835	842
568	801	808	815	822	829	836	843
569	802	809	816	823	830	837	844

表 5-12　基于相关系数法波段选择的多元散射校正光谱的黄桃糖度反演模型

模型	自变量数目	建模集		验证集	
		R_{cal}^2	$RMSE_{cal}$	R_{val}^2	$RMSE_{val}$
TD-MSC-CC-MLR		0.489	0.752	0.449	0.800
TD-MSC-CC-PLSR		0.369	1.196	0.358	1.198
TD-MSC-CC-SVR	57	0.416	0.745	0.425	0.746
TD-MSC-CC-GPR		0.566	0.707	0.508	0.763
TD-MSC-CC-ANN		0.518	0.758	0.470	0.807

对比各模型建模集的 R_{cal}^2 和 $RMSE_{cal}$ 可以看出，建模精度最高的模型是基于 GPR 算法的 TD-MSC-CC-GPR 模型，R_{cal}^2 为 0.566，为同组所有模型中的最高值；$RMSE_{cal}$ 为 0.707，为同组所有模型中的最低值。其次是基于 ANN 算法的 TD-MSC-CC-ANN 模型，R_{cal}^2 为 0.518，$RMSE_{cal}$ 为 0.758。再次是基于 MLR 算法的 TD-MSC-CC-MLR 模型，R_{cal}^2 为 0.489，$RMSE_{cal}$ 为 0.752。从次是基于 SVR 算法的 TD-MSC-CC-SVR 模型，R_{cal}^2 为 0.416，$RMSE_{cal}$ 为 0.745。建模精度最低的是基于 PLSR 算法的 TD-MSC-CC-PLSR 模型，R_{cal}^2 仅为 0.369，$RMSE_{cal}$ 为 1.196。

对比各模型验证集的 R_{val}^2 和 $RMSE_{val}$，各模型中，TD-MSC-CC-GPR 模

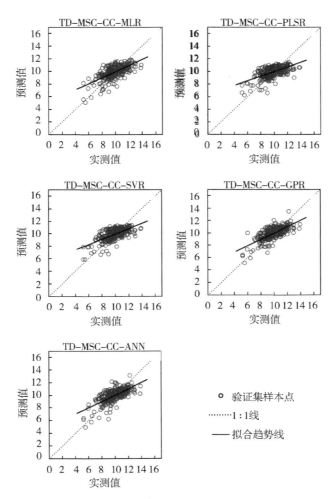

图 5-8　基于相关系数法波段选择的多元散射校正光谱的黄桃糖度
反演模型验证集糖度实测值与预测值散点图

型的验证精度相对较高，R_{val}^2 为 0.508，$RMSE_{val}$ 为 0.763。其次是 TD-MSC-CC-ANN 模型，R_{val}^2 为 0.470，$RMSE_{val}$ 为 0.807。再次是 TD-MSC-CC-MLR 模型和 TD-MSC-CC-SVR 模型，R_{val}^2 分别为 0.449 和 0.425，$RMSE_{val}$ 分别为 0.800 和 0.746。TD-MSC-CC-PLSR 模型的验证精度最低，R_{val}^2 为 0.358，$RMSE_{val}$ 为 1.198。结合图 5-8，各模型验证集糖度的实测值与预测值构成的散点严重偏离 1:1 线，表明预测值与实测值有较大的差异。

综上分析，基于相关系数波段选择的多元散射校正光谱数据构建的黄桃糖度反演模型的精度总体与基于原始反射光谱数据的模型的精度相近。5 个模型中，尽管 TD-MSC-CC-GPR 模型建模精度较高，但验证 R_{cal}^2 低于 0.6，预测值与实测值差异较大，精度不能满足实际检测需求。其他模型的建模精度和验证精度 R^2 均小于 0.6，精度都比较低，不能准确预测黄桃的糖度值。

5.2.5 小　结

综上所述，在基于相关系数法波段选择的 4 种不同类型光谱的黄桃糖度反演模型精度总体偏低。部分模型虽有较高的建模精度（TD-FD-CC-GPR 模型、TD-SD-CC-GPR 模型），但验证精度远低于建模精度，R_{val}^2 最高不超过 0.6，模型不稳定。这表明，基于相关系数法波段选择的 4 种不同类型光谱的黄桃糖度反演模型都不能有效的反演黄桃糖度。

5.3 基于逐步回归法的波段选择模型

本节中，首先利用逐步回归法按一定显著水平筛选出统计检验显著的波段，再使用这些波段上的光谱数据作为自变量构建黄桃糖度反演模型。

5.3.1 基于逐步回归法波段选择原始反射光谱的模型

使用逐步回归法对原始光谱反射率数据进行波段筛选，最终选取 17 个波段上的原始光谱反射率数据作为自变量（表 5-13），分别构建 TD-Ref-SR-MLR、TD-Ref-SR-PLSR、TD-Ref-SR-SVR、TD-Ref-SR-GPR 和 TD-Ref-SR-ANN 5 个黄桃糖度反演模型，模型建模集和验证集精度检验结果如表 5-14 所示，验证集糖度实测值与预测值散点图如图 5-9 所示。

表 5-13　原始反射光谱基于逐步回归法选择建模入选波长

（单位：nm）

575	454	815	390	363	401
821	692	919	679	395	673
839	369	386	376	398	

表5-14   基于逐步回归法波段选择的原始反射光谱的黄桃糖度反演模型

模型	自变量数目	建模集		验证集	
		R_{cal}^2	RMSE$_{cal}$	R_{val}^2	RMSE$_{val}$
TD-Ref-SR-MLR		0.486	0.752	0.459	0.760
TD-Ref-SR-PLSR		0.429	1.139	0.423	1.145
TD-Ref-SR-SVR	17	0.571	0.725	0.488	0.769
TD-Ref-SR-GPR		0.608	0.684	0.513	0.774
TD-Ref-SR-ANN		0.558	0.748	0.460	0.820

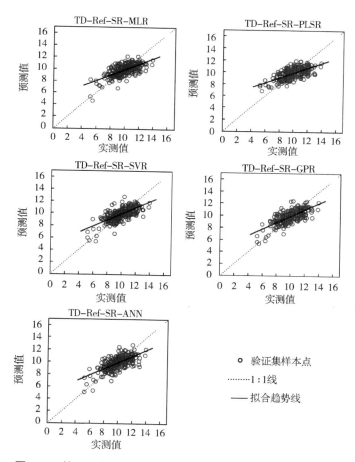

图5-9   基于逐步回归法波段选择的原始反射光谱的黄桃糖度
反演模型验证集糖度实测值与预测值散点图

对比各模型建模集的 R_{cal}^2 和 RMSE$_{cal}$ 可以看出，建模精度最高的模型是基于 GPR 算法的 TD-Ref-SR-GPR 模型，R_{cal}^2 为 0.608，为同组所有模型中的最高值；RMSE$_{cal}$ 为 0.684。其次是基于 SVR 算法的 TD-Ref-SR-SVR 模型，R_{cal}^2 为 0.571，RMSE$_{cal}$ 为 0.725。再次是基于 ANN 算法的 TD-Ref-SR-ANN 模型，R_{cal}^2 为 0.558，RMSE$_{cal}$ 为 0.748。从次是基于 MLR 算法的 TD-Ref-SR-MLR 模型，R_{cal}^2 为 0.486，RMSE$_{cal}$ 为 0.752。建模精度最低的是基于 PLSR 算法的 TD-Ref-SR-PLSR 模型，R_{cal}^2 仅为 0.429，RMSE$_{cal}$ 为 1.139。

对比各模型验证集的 R_{val}^2 和 RMSE$_{val}$，各模型中，TD-Ref-SR-GPR 模型的验证精度相对较高，R_{val}^2 为 0.513，RMSE$_{val}$ 为 0.774。其次是 TD-Ref-SR-SVR 模型，R_{val}^2 为 0.488，RMSE$_{val}$ 为 0.769。再次是 TD-Ref-SR-ANN 模型和 TD-Ref-SR-MLR 模型，R_{val}^2 分别为 0.460 和 0.459，RMSE$_{val}$ 分别为 0.820 和 0.760。TD-Ref-SR-PLSR 模型的验证精度最低，R_{val}^2 为 0.423，RMSE$_{val}$ 为 1.145。结合图 5-9，各模型验证集糖度的实测值与预测值构成的散点都严重偏离 1:1 线，表明预测值与实测值有较大的差异。

综上分析，基于相关系数波段选择的原始反射光谱数据构建的 5 个黄桃糖度反演模型 R_{cal}^2 最大为 0.608，R_{val}^2 最大不超过 0.6，精度都比较低，不能准确预测黄桃的糖度值。

5.3.2 基于逐步回归法波段选择一阶导数光谱的模型

使用逐步回归法对一阶导数光谱数据进行波段筛选，最终选取 56 个波段上的原始光谱反射率数据作为自变量（表 5-15），分别构建 TD-FD-SR-MLR、TD-FD-SR-PLSR、TD-FD-SR-SVR、TD-FD-SR-GPR 和 TD-FD-SR-ANN 5 个黄桃糖度反演模型，模型建模集和验证集精度检验结果如表 5-16 所示，验证集糖度实测值与预测值散点图如图 5-10 所示。

表 5-15　一阶导数光谱基于逐步回归法选择建模入选波长

（单位：nm）

525	903	939	734	799	866	439	954
828	610	420	708	896	788	900	945
992	621	970	760	719	873	973	803
906	975	481	886	727	853	411	823
837	966	451	375	964	943	472	825

（续表）

929	979	637	983	624	918	474	815
381	870	676	921	454	736	950	800

表 5-16　基于逐步回归法波段选择的一阶导数光谱的黄桃糖度反演模型

模型	自变量数目	建模集		验证集	
		R_{cal}^2	$RMSE_{cal}$	R_{val}^2	$RMSE_{val}$
TD-FD-SR-MLR		0.791	0.612	0.756	0.675
TD-FD-SR-PLSR		0.727	0.789	0.702	0.791
TD-FD-SR-SVR	56	0.751	0.605	0.725	0.646
TD-FD-SR-GPR		0.829	0.550	0.768	0.669
TD-FD-SR-ANN		0.826	0.551	0.717	0.739

　　对比各模型建模集的 R_{cal}^2 和 $RMSE_{cal}$ 可以看出，建模精度最高的模型是基于 GPR 算法的 TD-FD-SR-GPR 模型，R_{cal}^2 达到 0.829，为同组所有模型中的最高值；$RMSE_{cal}$ 为 0.550，为同组所有模型中的最低值。其次是基于 ANN 算法的 TD-FD-SR-ANN 模型，R_{cal}^2 为 0.826，$RMSE_{cal}$ 为 0.551。再次是基于 MLR 算法的 TD-FD-SR-MLR 模型，R_{cal}^2 为 0.791，$RMSE_{cal}$ 为 0.612。从次是基于 SVR 算法的 TD-FD-SR-SVR 模型，R_{cal}^2 为 0.751，$RMSE_{cal}$ 为 0.605。建模精度最低的是基于 PLSR 算法的 TD-FD-SR-PLSR 模型，R_{cal}^2 为 0.727，$RMSE_{cal}$ 为 0.789。

　　对比各模型验证集的 R_{val}^2 和 $RMSE_{val}$，其中，TD-FD-SR-GPR 模型的验证精度最高，R_{val}^2 为 0.768，$RMSE_{val}$ 为 0.669。其次是 TD-FD-SR-MLR 模型，R_{val}^2 为 0.756，$RMSE_{val}$ 为 0.675。再次是 TD-FD-SR-SVR 模型，R_{val}^2 为 0.725，$RMSE_{val}$ 为 0.646。再次是 TD-FD-SR-ANN 模型，R_{val}^2 为 0.717，$RMSE_{val}$ 为 0.739。TD-FD-SR-PLSR 模型的验证精度相对较低，R_{val}^2 为 0.702，$RMSE_{val}$ 为 0.791。结合图 5-10，各模型验证集糖度的实测值与预测值构成的散点集中分布于 1∶1 线附近，表明预测值与实测值差异较小。

　　综上分析，基于逐步回归波段选择的一阶导数光谱数据构建的黄桃糖度反演模型的精度总体明显高于原始反射光谱数据，也显著高于基于相关系数法波段选择的一阶导数光谱数据构建的模型，略低于基于全波段一阶导数光谱数据构建的模型。5 个模型的建模精度和验证精度差异不大，建模集 R_{cal}^2 均在 0.7~0.9，$RMSE_{cal}$ 在 0.5~0.8；验证集 R_{val}^2 均在 0.5~0.8，$RMSE_{val}$ 在

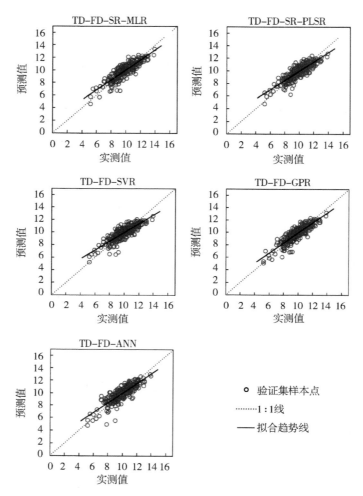

图 5-10 基于逐步回归法波段选择的一阶导数光谱的黄桃糖度
反演模型验证集糖度实测值与预测值散点图

0.6~0.8，都表现出较高的精度，能较为准确地预测黄桃的糖度值。

5.3.3 基于逐步回归法波段选择二阶导数光谱的模型

使用逐步回归法对二阶导数光谱数据进行波段筛选，最终选取 84 个波段上的原始光谱反射率数据作为自变量（表 5-17），分别构建 TD-SD-SR-MLR、TD-SD-SR-PLSR、TD-SD-SR-SVR、TD-SD-SR-GPR 和 TD-SD-

SR-ANN 5 个黄桃糖度反演模型，模型建模集和验证集精度检验结果如表 5-18 所示，验证集糖度实测值与预测值散点图如图 5-11 所示。

表 5-17 二阶导数光谱基于逐步回归法选择建模入选波长

（单位：nm）

548	756	585	906	940	727	551	818
820	426	913	715	932	739	829	591
607	475	911	788	749	622	946	638
561	433	917	767	651	363	751	466
908	904	396	890	662	732	736	632
711	866	455	956	796	814	722	391
925	505	874	881	379	729	395	461
827	534	438	902	884	733	399	
472	485	602	628	809	800	388	
609	374	851	964	929	511	371	
920	688	478	948	910	791	368	

表 5-18 基于逐步回归法波段选择的二阶导数光谱的黄桃糖度反演模型

模型	自变量数目	建模集		验证集	
		R_{cal}^2	$RMSE_{cal}$	R_{val}^2	$RMSE_{val}$
TD-SD-SR-MLR		0.771	0.632	0.746	0.679
TD-SD-SR-PLSR		0.702	0.823	0.700	0.934
TD-SD-SR-SVR	84	0.718	0.651	0.706	0.671
TD-SD-SR-GPR		0.838	0.526	0.763	0.646
TD-SD-SR-ANN		0.804	0.599	0.705	0.672

对比各模型建模集的 R_{cal}^2 和 $RMSE_{cal}$ 可以看出，建模精度最高的模型是基于 GPR 算法的 TD-SD-SR-GPR 模型，R_{cal}^2 达到 0.838，为同组所有模型中的最高值；$RMSE_{cal}$ 为 0.526，为同组所有模型中的最低值。其次是基于 ANN 算法的 TD-SD-SR-ANN 模型，R_{cal}^2 为 0.804，$RMSE_{cal}$ 为 0.599。再次是基于 MLR 算法的 TD-SD-SR-MLR 模型，R_{cal}^2 为 0.771，$RMSE_{cal}$ 为 0.632。从次是基于 SVR 算法的 TD-SD-SR-SVR 模型，R_{cal}^2 为 0.718，$RMSE_{cal}$ 为 0.651。建模精度最低的是基于 PLSR 算法的 TD-SD-SR-PLSR 模型，R_{cal}^2 为 0.702，$RMSE_{cal}$ 为 0.823。

对比各模型验证集的 R_{val}^2 和 $RMSE_{val}$，其中，TD-SD-SR-GPR 模型的验

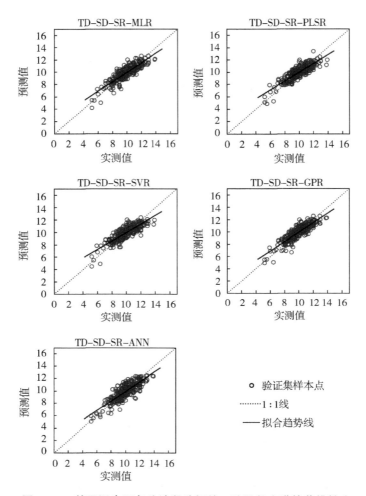

**图 5-11 基于逐步回归法波段选择的二阶导数光谱的黄桃糖度
反演模型验证集糖度实测值与预测值散点图**

证精度最高，R_{val}^2 为 0.763，$RMSE_{val}$ 为 0.646。其次是 TD-SD-SR-MLR 模型，R_{val}^2 为 0.746，$RMSE_{val}$ 为 0.679。再次是 TD-SD-SR-SVR 模型和 TD-SD-SR-ANN 模型，R_{val}^2 分别为 0.706 和 0.705，$RMSE_{val}$ 分别为 0.671 和 0.672。TD-SD-SR-PLSR 模型的验证精度相对较低，R_{val}^2 为 0.700，$RMSE_{val}$ 为 0.934。结合图 5-10，各模型验证集糖度的实测值与预测值构成的散点集中分布于 1:1 线附近，表明预测值与实测值差异较小。

综上分析，基于逐步回归波段选择的二阶导数光谱数据构建的黄桃糖度反演模型的精度总体与二阶导数光谱数据相近，明显高于原始反射光谱数据，也显著高于基于相关系数法波段选择的二阶导数光谱数据构建的模型，略低于基于全波段二阶导数光谱数据构建的模型。5个模型的建模精度和验证精度差异不大，建模集 R_{cal}^2 均在 0.7~0.9，$RMSE_{cal}$ 在 0.5~0.9；验证集 R_{val}^2 均在 0.7~0.8，$RMSE_{val}$ 在 0.6~1，都表现出较高的精度，能较为准确地预测黄桃的糖度值。

5.3.4 基于逐步回归法波段选择多元散射校正光谱的模型

使用逐步回归法对多元散射校正光谱数据进行波段筛选，最终选取 12 波段上的原始光谱反射率数据作为自变量（表 5-19）。分别构建 TD-MSC-SR-MLR、TD-MSC-SR-PLSR、TD-MSC-SR-SVR、TD-MSC-SR-GPR 和 TD-MSC-SR-ANN 5 个黄桃糖度反演模型，模型建模集和验证集精度检验结果如表 5-20 所示，验证集糖度实测值与预测值散点图如图 5-12 所示。

表 5-19 多元散射校正光谱基于逐步回归法选择建模入选波长

（单位：nm）

817	826	675	907	672	354
369	815	685	821	743	359

表 5-20 基于逐步回归法波段选择的多元散射校正光谱的黄桃糖度反演模型

模型	自变量数目	建模集		验证集	
		R_{cal}^2	$RMSE_{cal}$	R_{val}^2	$RMSE_{val}$
TD-MSC-SR-MLR		0.516	0.752	0.480	0.808
TD-MSC-SR-PLSR		0.465	1.101	0.458	1.116
TD-MSC-SR-SVR	12	0.533	0.751	0.491	0.816
TD-MSC-SR-GPR		0.554	0.730	0.506	0.796
TD-MSC-SR-ANN		0.561	0.661	0.494	0.753

对比各模型建模集的 R_{cal}^2 和 $RMSE_{cal}$ 可以看出，建模精度最高的模型是基于 ANN 算法的 TD-MSC-SR-ANN 模型，R_{cal}^2 为 0.561，为同组所有模型中的最高值；$RMSE_{cal}$ 为 0.661，同组所有模型中的最低值。其次是基于 GPR 算法的 TD-MSC-SR-GPR 模型，R_{cal}^2 为 0.554，$RMSE_{cal}$ 为 0.730。再次是基

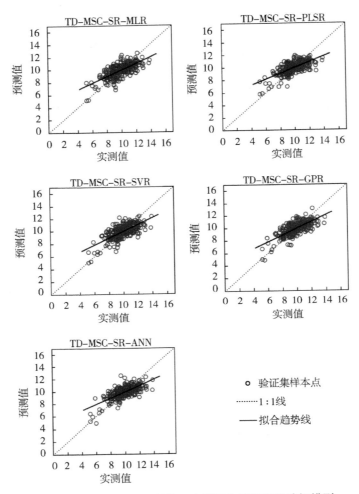

**图 5-12 基于多元散射校正光谱逐步回归波段选择模型
验证集糖度实测值与预测值散点图**

于 SVR 算法的 TD-MSC-SR-SVR 模型，R_{cal}^2 为 0.533，$RMSE_{cal}$ 为 0.751。再次是基于 MLR 算法的 TD-MSC-SR-MLR 模型，R_{cal}^2 为 0.516，$RMSE_{cal}$ 为 0.752。建模精度最低的是基于 PLSR 算法的 TD-MSC-SR-PLSR 模型，R_{cal}^2 仅为 0.465，$RMSE_{cal}$ 为 1.101。

对比各模型验证集的 R_{val}^2 和 $RMSE_{val}$，各模型中，TD-MSC-SR-GPR 模型的验证精度相对较高，R_{val}^2 为 0.506，$RMSE_{val}$ 为 0.796。其次是 TD-MSC-

SR－ANN 模型和 TD－MSC－SR－SVR 模型，R_{val}^2 分别为 0.494 和 0.491，RMSE$_{val}$分别为 0.753 和 0.816。再次是 TD－MSC－SR－MLR 模型，R_{val}^2 为 0.480，RMSE$_{val}$为 0.808。TD－MSC－SR－PLSR 模型的验证精度最低，R_{val}^2 为 0.458，RMSE$_{val}$为 1.116。结合图 5–12，各模型验证集糖度的实测值与预测值构成的散点都严重偏离 1 : 1 线，表明预测值与实测值有较大的差异。

综上分析，基于相关系数波段选择的原始反射光谱数据构建的 5 个黄桃糖度反演模型 R_{cal}^2 和 R_{val}^2 最大都不超过 0.6，精度都比较低，不能准确预测黄桃的糖度值。

5.3.5　小　　结

综上分析，在基于逐步回归法波段选择的 4 种不同类型光谱的黄桃糖度反演模型中，一阶导数光谱模型和二阶导数光谱模型精度最高，其中 TD－FD－SR－GPR 模型和 TD－SD－SR－GPR 模型的 R_{cal}^2 分别达到了 0.829 和 0.838，R_{val}^2分别达到了 0.768 和 0.763，都能够较为准确地预测黄桃糖度值。但原始反射光谱模型和多元散射校正模型的精度偏低，验证集 R_{cal}^2 最高不超过 0.6，预测能力较差。

尽管 TD－FD－SR－GPR 模型和 TD－SD－SR－GPR 模型的精度低于同样采用一阶和二阶导数光谱的全波段模型（TD－FD－All－GPR 模型和 TD－SD－All－GPR 模型），但 TD－FD－SR－GPR 模型和 TD－SD－SR－GPR 模型的自变量数目远低于 TD－FD－All－GPR 模型和 TD－SD－All－GPR 模型，模型复杂度大大降低。这表明，对于一阶导数光谱和二阶导数光谱，逐步回归法能够有效筛选出特征波段，在简化模型的基础上仍保持了较高的预测精度，具有实际应用的价值。

5.4　基于连续投影法的波段选择模型

本节中，首先使用连续投影法（SPA）对光谱数据中的冗余信息进行消除，提取特征波长，使用特征波长作为自变量构建黄桃糖度反演模型。

5.4.1　基于 SPA 波段选择原始反射光谱的模型

使用 SPA 对原始反射光谱进行筛选，结果如图 5–13 所示，共优选得到 62 个波段，各波段的波长如表 5–21 所示。以入选的 62 个波段的原始光谱反射率数据为自变量，分别构建 TD－Ref－SPA－MLR、TD－Ref－SPA－PLSR、TD－Ref－SPA－SVR、TD－Ref－SPA－GPR 和 TD－Ref－SPA－ANN 5 个黄桃糖度反演模型，模型建模集和验证集精度检验结果如表 5-22 所示，验证集糖度实测值与预测值散点图如图 5-14 所示。

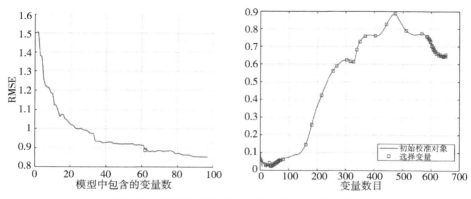

图 5-13 基于连续投影法原始反射光谱筛选结果

表 5-21 原始反射光谱基于 SPA 选择建模入选波长

（单位：nm）

861	653	952	947	973	419	393	409
916	678	991	951	430	395	1 000	385
822	957	968	530	956	422	936	941
792	983	962	564	509	398	699	382
617	960	938	943	404	946	934	414
604	997	718	954	994	401	403	369
666	999	959	413	989	408	416	
753	981	964	689	975	387	388	

表 5-22 基于 SPA 波段选择的原始反射光谱的黄桃糖度反演模型

模型	自变量数目	建模集		验证集	
		R_{cal}^2	$RMSE_{cal}$	R_{val}^2	$RMSE_{val}$
TD-Ref-SPA-MLR		0.689	0.697	0.645	0.725
TD-Ref-SPA-PLSR		0.512	1.056	0.485	1.073
TD-Ref-SPA-SVR	62	0.690	0.658	0.552	0.763
TD-Ref-SPA-GPR		0.734	0.639	0.659	0.716
TD-Ref-SPA-ANN		0.788	0.679	0.672	0.817

对比各模型建模集的 R_{cal}^2 和 $RMSE_{cal}$ 可以看出，建模精度最高的模型是

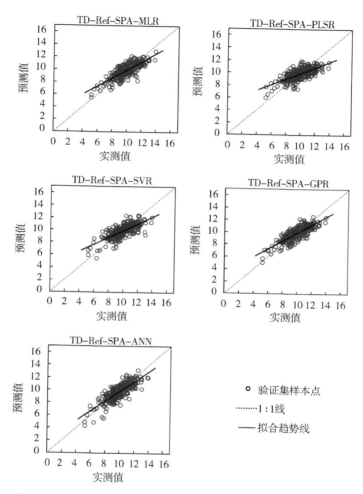

图 5-14 基于连续投影法波段选择的原始反射光谱的黄桃糖度
反演模型验证集糖度实测值与预测值散点图

基于 ANN 算法的 TD-Ref-SPA-ANN 模型，R_{cal}^2 达到 0.788，为同组所有模型中的最高值；$RMSE_{cal}$ 为 0.679。其次是基于 GPR 算法的 TD-Ref-SPA-GPR 模型，R_{cal}^2 为 0.734，$RMSE_{cal}$ 为 0.639。再次为基于 SVR 算法的 TD-Ref-SPA-SVR 模型和基于 MLR 算法的 TD-Ref-SPA-MLR 模型，R_{cal}^2 分别为 0.690 和 0.689，$RMSE_{cal}$ 分别为 0.658 和 0.697，二者建模精度较为接近。建

模精度最低的是基于 PLSR 算法的 TD-Ref-SPA-PLSR 模型，R_{cal}^2 仅为 0.512，$RMSE_{cal}$ 为 1.056。

对比各模型验证集的 R_{val}^2 和 $RMSE_{val}$，结合图 5-14 可以看出，各模型中，验证精度最高的是 TD-Ref-SPA-ANN 模型，R_{val}^2 为 0.672，$RMSE_{val}$ 为 0.817；其次是 TD-Ref-SPA-GPR 模型，R_{val}^2 为 0.659，$RMSE_{val}$ 为 0.716；再次是 TD-Ref-SPA-MLR 模型，R_{val}^2 为 0.645，$RMSE_{val}$ 为 0.725；这 3 个模型验证集糖度的实测值与预测值构成的散点大部分集中分布在 1∶1 线两侧，少量偏离 1∶1 线较大，表明预测值与实测值有一定程度差异。从次是 TD-Ref-SPA-SVR 模型，R_{val}^2 为 0.552，$RMSE_{val}$ 为 0.763；TD-Ref-SPA-PLSR 模型的验证精度最低，R_{val}^2 为 0.485，$RMSE_{val}$ 为 1.073；这两个验证集糖度的实测值与预测值构成的散点偏离 1∶1 线较为严重，表明预测值与实测值有较大的差异。

综上分析，在 5 个基于 SPA 波段选择的原始光谱反射率数据构建的黄桃糖度反演模型精度高于基于相关系数法和逐步回归法波段选择的原始光谱反射率数据构建的模型。5 个模型中，TD-Ref-SPA-ANN 模型的建模精度和验证精度都比较高，对黄桃糖度的预测效果较好，模型最为稳定，是本组的最优模型。

5.4.2 基于 SPA 波段选择一阶导数光谱的模型

使用 SPA 算法对一阶导数光谱进行筛选，结果如图 5-15 所示，共优选得到 66 个波段，各波段的波长如表 5-23 所示。以入选的 66 个波段的原始

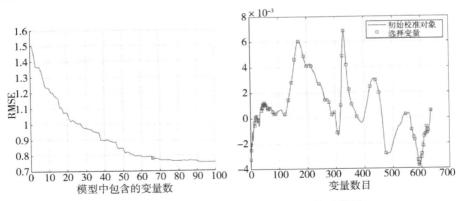

图 5-15 基于连续投影法一阶导数光谱筛选结果

光谱反射率数据为自变量，分别构建 TD-FD-SPA-MLR、TD-FD-SPA-PLSR、TD-FD-SPA-SVR、TD-FD-SPA-GPR 和 TD-FD-SPA-ANN 5 个黄桃糖度反演模型，模型建模集和验证集精度检验结果如表 5-24 所示，验证集糖度实测值与预测值散点图如图 5-16 所示。

表 5-23　一阶导数光谱基于 SPA 选择建模入选波长

（单位：nm）

395	713	426	923	527	675	681	406
975	934	981	405	797	778	686	420
978	358	385	401	945	514	703	991
384	400	963	633	491	731	555	
947	440	971	959	809	599	695	
967	956	378	416	411	831	571	
436	397	403	371	642	652	545	
931	949	409	480	445	502	902	
357	374	375	408	372	662	620	

表 5-24　基于 SPA 波段选择的一阶导数光谱的黄桃糖度反演模型

模型	自变量数目	建模集		验证集	
		R_{cal}^2	$RMSE_{cal}$	R_{val}^2	$RMSE_{val}$
TD-FD-SPA-MLR		0.754	0.648	0.726	0.681
TD-FD-SPA-PLSR		0.645	0.901	0.607	0.936
TD-FD-SPA-SVR	66	0.883	0.466	0.669	0.853
TD-FD-SPA-GPR		0.871	0.478	0.756	0.672
TD-FD-SPA-ANN		0.816	0.573	0.706	0.742

对比各模型建模集的 R_{cal}^2 和 $RMSE_{cal}$ 可以看出，建模精度最高的模型是基于 SVR 算法的 TD-FD-SPA-SVR 模型，R_{cal}^2 达到 0.883，为同组所有模型中的最高值；$RMSE_{cal}$ 为 0.466，为同组所有模型中的最低值。其次是基于 GPR 算法的 TD-FD-SPA-GPR 模型，R_{cal}^2 为 0.871，$RMSE_{cal}$ 为 0.478。再次为基于 ANN 算法的 TD-FD-SPA-ANN 模型，R_{cal}^2 为 0.816，$RMSE_{cal}$ 为 0.573。再次为基于 MLR 算法的 TD-FD-SPA-MLR 模型，R_{cal}^2 为 0.754，$RMSE_{cal}$ 为 0.648。建模精度最低的是基于 PLSR 算法的 TD-FD-SPA-PLSR 模型，R_{cal}^2 仅为 0.645，$RMSE_{cal}$ 为 0.901。

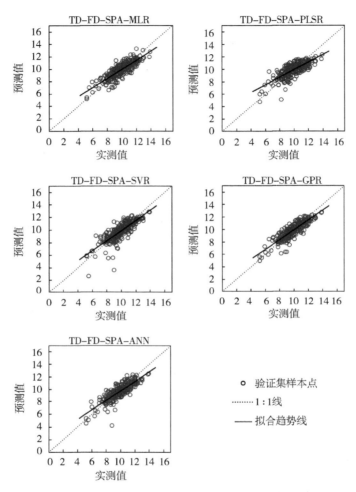

图 5-16　基于 SPA 波段选择的一阶导数光谱的黄桃糖度
反演模型验证集糖度实测值与预测值散点图

对比各模型验证集的 R_{val}^2 和 RMSE$_{val}$，结合图 5-16 可以看出，各模型中，验证精度最高的是 TD-FD-SPA-GPR 模型，R_{val}^2 为 0.756，RMSE$_{val}$ 为 0.672；其次是 TD-FD-SPA-MLR 模型，R_{val}^2 为 0.726，RMSE$_{val}$ 为 0.681；再次是 TD-FD-SPA-ANN 模型，R_{val}^2 为 0.706，RMSE$_{val}$ 为 0.742；这 3 个模型验证集糖度的实测值与预测值构成的散点大部分集中分布在 1：1 线两侧，

少量偏离 1 : 1 线较大，表明预测值与实测值有一定程度差异。再次是 TD-FD-SPA-SVR 模型，R_{val}^2 为 0.669，$RMSE_{val}$ 为 0.853；此模型验证集糖度的实测值与预测值构成的散点，偏离 1 : 1 线的点较多，表明预测值与实测值的差异增大。TD-FD-SPA-PLSR 模型的验证精度最低，R_{val}^2 为 0.607，$RMSE_{val}$ 为 0.936；此模型验证集糖度的实测值与预测值构成的散点偏离 1 : 1 线较为严重，表明预测值与实测值有较大的差异。

综上分析，在 5 个基于 SPA 波段选择的一阶导数光谱数据构建的黄桃糖度反演模型精度高于基于相关系数法和逐步回归法波段选择的一阶导数光谱数据构建的模型，也高于基于 SPA 波段选择的原始反射光谱数据构建的模型。5 个模型中，TD-FD-SPA-GPR 模型的建模精度和验证精度都比较高，对黄桃糖度的预测效果较好，模型最为稳定，是本组的最优模型。

5.4.3　基于 SPA 波段选择二阶导数光谱的模型

使用 SPA 算法对二阶导数光谱进行筛选，结果如图 5-17 所示，共优选得到 41 个波段，各波段的波长如表 5-25 所示。以入选的 41 个波段的原始光谱反射率数据为自变量，分别构建 TD-SD-SPA-MLR、TD-SD-SPA-PLSR、TD-SD-SPA-SVR、TD-SD-SPA-GPR 和 TD-SD-SPA-ANN 5 个黄桃糖度反演模型，模型建模集和验证集精度检验结果如表 5-26 所示，验证集糖度实测值与预测值散点图如图 5-18 所示。

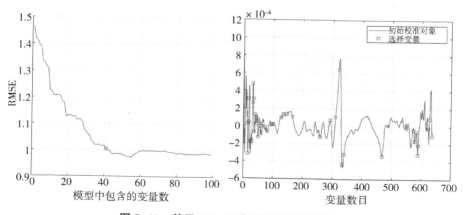

图 5-17　基于 SPA 二阶导数光谱筛选结果

表 5-25　二阶导数光谱基于 SPA 选择建模入选波长

（单位：nm）

946	456	667	939	934	521	393
429	371	397	491	406	677	452
421	438	390	372	374	400	979
385	383	401	413	823	696	984
944	615	930	399	375	387	504
993	381	690	649	388	485	

表 5-26　基于 SPA 波段选择的二阶导数光谱的黄桃糖度反演模型

模型	自变量数目	建模集		验证集	
		R_{cal}^2	RMSE$_{cal}$	R_{val}^2	RMSE$_{val}$
TD-SD-SPA-MLR		0.524	0.752	0.548	0.734
TD-SD-SPA-PLSR		0.483	1.077	0.451	1.116
TD-SD-SPA-SVR	41	0.781	0.526	0.562	0.687
TD-SD-SPA-GPR		0.740	0.574	0.603	0.685
TD-SD-SPA-ANN		0.750	0.563	0.405	1.083

对比各模型建模集的 R_{cal}^2 和 RMSE$_{cal}$ 可以看出，建模精度最高的模型是基于 SVR 算法的 TD-SD-SPA-SVR 模型，R_{cal}^2 为 0.781，为同组所有模型中的最高值；RMSE$_{cal}$ 为 0.526，为同组所有模型中的最低值。其次是基于 ANN 算法的 TD-SD-SPA-ANN 模型，R_{cal}^2 为 0.750，RMSE$_{cal}$ 为 0.563。再次为基于 GPR 算法的 TD-SD-SPA-GPR 模型，R_{cal}^2 为 0.740，RMSE$_{cal}$ 为 0.574。从次为基于 MLR 算法的 TD-SD-SPA-MLR 模型，R_{cal}^2 为 0.524，RMSE$_{cal}$ 为 0.752。建模精度最低的是基于 PLSR 算法的 TD-SD-SPA-PLSR 模型，R_{cal}^2 仅为 0.483，RMSE$_{cal}$ 为 1.077。

对比各模型验证集的 R_{val}^2 和 RMSE$_{val}$，结合图 5-18 可以看出，各模型中，验证精度最高的是 TD-SD-SPA-GPR 模型，R_{val}^2 为 0.603，RMSE$_{val}$ 为 0.685。其次是 TD-SD-SPA-SVR 模型，R_{val}^2 为 0.562，RMSE$_{val}$ 为 0.687。再次是 TD-SD-SPA-MLR 模型，R_{val}^2 为 0.548，RMSE$_{val}$ 为 0.734。再次是 TD-SD-SPA-PLSR 模型，R_{val}^2 为 0.451，RMSE$_{val}$ 为 1.116。TD-SD-SPA-ANN 模型的验证精度最低，R_{val}^2 为 0.405，RMSE$_{val}$ 为 1.083。这几个模型验证集糖

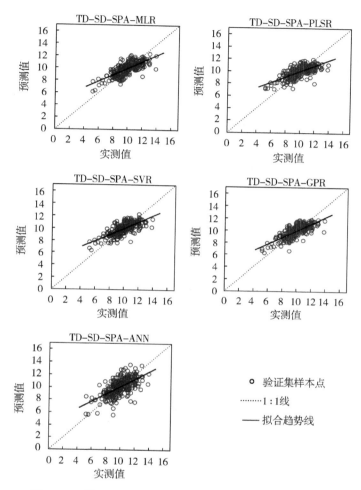

图 5-18 基于 SPA 波段选择的二阶导数光谱的黄桃糖度
反演模型验证集糖度实测值与预测值散点图

度的实测值与预测值构成的散点偏离 1：1 线都较为严重，表明预测值与实测值有较大的差异。

综上分析，在 5 个基于 SPA 波段选择的一阶导数光谱数据构建的黄桃糖度反演模型精度高于基于相关系数法和逐步回归法波段选择的二阶导数光谱数据构建的模型，但低于基于 SPA 波段选择的原始反射光谱和一阶导数光谱数据构建的模型。5 个模型中，验证精度最高的 TD-SD-SPA-GPR 模型 R_{val}^2

也仅为 0.603，对黄桃糖度的预测效果不够理想。

5.4.4 基于 SPA 波段选择多元散射校正光谱的模型

　　使用 SPA 算法对多元散射校正光谱进行筛选，结果如图 5-19 所示，共优选得到 56 个波段，各波段的波长如表 5-27 所示。以入选的 56 个波段的原始光谱反射率数据为自变量，分别构建 TD-MSC-SPA-MLR、TD-MSC-SPA-PLSR、TD-MSC-SPA-SVR、TD-MSC-SPA-GPR 和 TD-MSC-SPA-ANN 5 个黄桃糖度反演模型，模型建模集和验证集精度检验结果如表 5-28 所示，验证集糖度实测值与预测值散点图如图 5-20 所示。

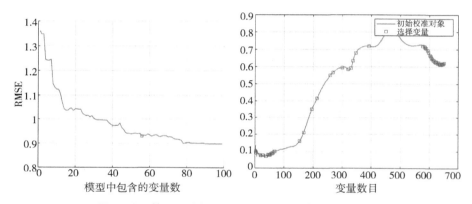

图 5-19　基于连续投影法多元散射校正光谱筛选结果

表 5-27　多元散射校正光谱基于 SPA 选择建模入选波长

（单位：nm）

369	401	994	943	978	997	812	617
837	951	409	954	962	503	650	680
986	419	408	413	991	957	981	670
388	398	395	970	952	972	742	608
353	400	964	938	935	967	960	928
387	352	404	999	993	933	517	563
377	416	947	983	956	696	545	687

表 5-28　基于 SPA 波段选择的多元散射校正光谱的黄桃糖度反演模型

模型	自变量数目	建模集		验证集	
		R_{cal}^2	RMSE$_{cal}$	R_{val}^2	RMSE$_{val}$
TD-MSC-SPA-MLR		0.641	0.722	0.615	0.774
TD-MSC-SPA-PLSR		0.586	0.973	0.535	1.019
TD-MSC-SPA-SVR	56	0.729	0.638	0.603	0.753
TD-MSC-SPA-GPR		0.721	0.642	0.662	0.730
TD-MSC-SPA-ANN		0.749	0.645	0.671	0.783

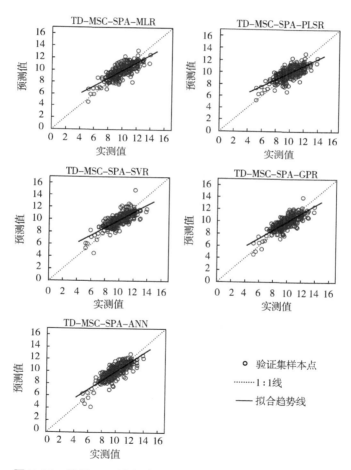

图 5-20　基于 SPA 波段选择的多元散射校正光谱的黄桃糖度
反演模型验证集实测值与预测值散点图

对比各模型建模集的 R_{cal}^2 和 $RMSE_{cal}$ 可以看出，建模精度最高的模型是基于 ANN 算法的 TD-MSC-SPA-ANN 模型，R_{cal}^2 为 0.749，$RMSE_{cal}$ 为 0.645。其次是基于 SVR 算法的 TD-MSC-SPA-SVR 模型，R_{cal}^2 为 0.729，$RMSE_{cal}$ 为 0.638。再次为基于 GPR 算法的 TD-MSC-SPA-GPR 模型，R_{cal}^2 为 0.721，$RMSE_{cal}$ 为 0.642。从次为基于 MLR 算法的 TD-MSC-SPA-MLR 模型，R_{cal}^2 为 0.641，$RMSE_{cal}$ 为 0.722。建模精度最低的是基于 PLSR 算法的 TD-MSC-SPA-PLSR 模型，R_{cal}^2 仅为 0.586，$RMSE_{cal}$ 为 0.973。

对比各模型验证集的 R_{val}^2 和 $RMSE_{val}$，结合图 5-18 可以看出，各模型中，验证精度最高的是 TD-MSC-SPA-ANN 模型，R_{val}^2 为 0.671，$RMSE_{val}$ 为 0.783；其次是 TD-MSC-SPA-GPR 模型，R_{val}^2 为 0.662，$RMSE_{val}$ 为 0.730；这两个模型验证集糖度的实测值与预测值构成的散点部分偏离 1:1 线程度较大。再次是 TD-MSC-SPA-MLR 模型，R_{val}^2 为 0.615，$RMSE_{val}$ 为 0.774。从次是 TD-MSC-SPA-SVR 模型，R_{val}^2 为 0.603，$RMSE_{val}$ 为 0.753。TD-MSC-SPA-PLSR 模型的验证精度最低，R_{val}^2 为 0.535，$RMSE_{val}$ 为 1.019。这几个模型验证集糖度的实测值与预测值构成的散点偏离 1:1 线都较为严重，表明预测值与实测值有较大的差异。

综上分析，在 5 个基于 SPA 波段选择的多元散射校正光谱数据构建的黄桃糖度反演模型精度高于基于相关系数法和逐步回归法波段选择的多元散射校正光谱数据构建的模型，也高于基于波段选择的二阶导数光谱的模型，但低于基于 SPA 波段选择的原始反射光谱和一阶导数光谱数据构建的模型。5 个模型中，TD-MSC-SPA-ANN 模型验证精度最高（R_{val}^2 为 0.671），能够较为准确地预测黄桃糖度。

5.4.5　小　结

综上分析，在基于连续投影算法波段选择的 4 种不同类型光谱的黄桃糖度反演模型中，一阶导数光谱模型精度最高，其中 TD-FD-SPA-GPR 模型的 R_{cal}^2 为 0.871，R_{val}^2 为 0.756，能够较为准确地预测黄桃糖度值。其次是原始反射光谱模型和多元散射校正光谱模型，其中 TD-Ref-SPA-ANN 模型和 TD-MSC-SPA-ANN 模型的 R_{cal}^2 分别为 0.788 和 0.749，R_{val}^2 分别为 0.672 和 0.671，也能够在一定程度上预测黄桃糖度值。但二阶导数光谱模型的精度偏低，验证集 R_{cal}^2 最高仅为 0.603，预测能力较差。

尽管 TD-FD-SPA-GPR 模型、TD-Ref-SPA-ANN 模型和 TD-MSC-

SPA-ANN 模型的精度低于同样采用一阶导数光谱、原始反射光谱和散射校正光谱的全波段模型（TD-FD-All-GPR 模型、TD-SD-All-GPR 模型和 TD-MSC-All-GPR 模型），但 TD-FD-SPA-GPR 模型、TD-Ref-SPA-ANN 模型和 TD-MSC-SPA-ANN 模型的自变量数目远低于 TD-FD-All-GPR 模型、TD-SD-All-GPR 模型和 TD-MSC-All-GPR 模型，模型复杂度大大降低。这表明，对于一阶导数光谱、原始反射光谱和多元散射校正光谱，SPA 法能够有效筛选出特征波段，在简化模型的基础上仍保持了较高的预测精度，具有实际应用的价值。

5.5 光谱参数模型

本节中，结合上文分析，选用通过两波段组合得到的与糖度相关性最大的光谱参数作为自变量，构建黄桃糖度反演模型。

5.5.1 基于原始反射光谱参数的模型

选用 3 个基于原始反射光谱的与糖度相关性最大的光谱参数（$NDSI_{Ref}$、RSI_{Ref} 和 DSI_{Ref}）作为自变量，分别构建 TD-Ref-SI-MLR、TD-Ref-SI-PLSR、TD-Ref-SI-SVR、TD-Ref-SI-GPR 和 TD-Ref-SI-ANN 5 个黄桃糖度反演模型，模型建模集和验证集精度检验结果如表 5-29 所示，验证集糖度实测值与预测值散点图如图 5-21 所示。

表 5-29　基于原始反射光谱参数的黄桃糖度反演模型

模型	建模集		验证集	
	R_{cal}^2	$RMSE_{cal}$	R_{val}^2	$RMSE_{val}$
TD-Ref-SI-MLR	0.317	0.700	0.253	0.717
TD-Ref-SI-PLSR	0.305	1.255	0.268	1.278
TD-Ref-SI-SVR	0.300	0.707	0.273	0.711
TD-Ref-SI-GPR	0.323	0.693	0.257	0.729
TD-Ref-SI-ANN	0.321	0.794	0.263	0.831

对比各模型建模集和验证集的 R^2 和 RMSE 可以看出，5 个模型的建模精度和验证精度都很低，R_{cal}^2 最高仅为 0.323（TD-Ref-SI-GPR），R_{val}^2 最高仅为 0.273（TD-Ref-SI-SVR）。结合图 5-21 可以看出，各模型验证集糖度的

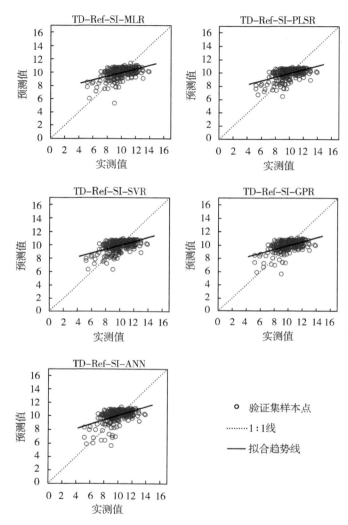

图 5-21 基于原始反射光谱参数的黄桃糖度反演模型
验证集糖度实测值与预测值散点图

实测值与预测值构成的散点偏离 1：1 线非常严重，测值与实测值有很大的差异。这表明 $NDSI_{Ref}$、RSI_{Ref} 和 DSI_{Ref} 3 个光谱参数所包含的黄桃糖度信息不足，仅依靠 $NDSI_{Ref}$、RSI_{Ref} 和 DSI_{Ref} 3 个自变量构建的模型不能准确预测黄桃糖度值。

5.5.2 基于一阶导数光谱参数的模型

选用 3 个基于一阶导数光谱的与糖度相关性最大的光谱参数（NDSI$_{FD}$、RSI$_{FD}$ 和 DSI$_{FD}$）作为自变量，分别构建 TD-FD-SI-MLR、TD-FD-SI-PLSR、TD-FD-SI-SVR、TD-FD-SI-GPR 和 TD-FD-SI-ANN 5 个黄桃糖度反演模型，模型建模集和验证集精度检验结果如表 5-30 所示，验证集糖度实测值与预测值散点图如图 5-22 所示。

表 5-30　基于一阶导数光谱参数的黄桃糖度反演模型

模型	建模集		验证集	
	R_{cal}^2	$RMSE_{cal}$	R_{val}^2	$RMSE_{val}$
TD-FD-SI-MLR	0.408	0.739	0.379	0.763
TD-FD-SI-PLSR	0.381	1.184	0.372	1.183
TD-FD-SI-SVR	0.398	0.762	0.392	0.783
TD-FD-SI-GPR	0.505	0.685	0.405	0.757
TD-FD-SI-ANN	0.426	0.755	0.399	0.772

对比各模型建模集和验证集的 R^2 和 RMSE 可以看出，5 个模型的建模精度和验证精度总体高于基于原始反射率光谱参数的模型，但仍处于比较低的水平，其中精度最高的 TD-FD-SI-GPR 模型的 R_{cal}^2 仅为 0.505，R_{val}^2 仅为 0.405。结合图 5-22 可以看出，各模型验证集糖度的实测值与预测值构成的散点偏离 1:1 线严重，预测值与实测值差异比较大。这表明 NDSI$_{FD}$、RSI$_{FD}$ 和 DSI$_{FD}$ 3 个光谱参数所包含的黄桃糖度信息仍然不足，仅依靠 NDSI$_{FD}$、RSI$_{FD}$ 和 DSI$_{FD}$ 3 个自变量构建的模型也不能准确预测黄桃糖度值。

5.5.3 基于二阶导数光谱参数的模型

选用 3 个基于二阶导数光谱的与糖度相关性最大的光谱参数（NDSI$_{SD}$、RSI$_{SD}$ 和 DSI$_{SD}$）作为自变量，分别构建 TD-SD-SI-MLR、TD-SD-SI-PLSR、TD-SD-SI-SVR、TD-SD-SI-GPR 和 TD-SD-SI-ANN 5 个黄桃糖度反演模型，模型建模集和验证集精度检验结果如表 5-31 所示，验证集糖度实测值与预测值散点图如图 5-23 所示。

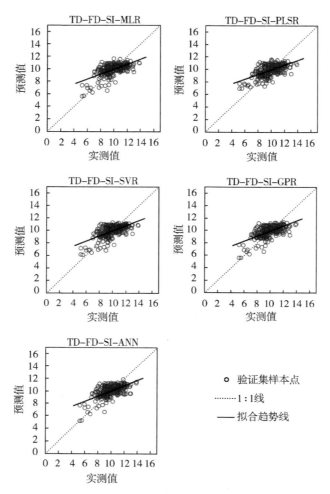

图5-22　基于一阶导数光谱参数的黄桃糖度反演模型
验证集糖度实测值与预测值散点图

表5-31　基于二阶导数光谱参数的黄桃糖度反演模型

模型	建模集		验证集	
	R_{cal}^2	$RMSE_{cal}$	R_{val}^2	$RMSE_{val}$
TD-SD-SI-MLR	0.434	0.746	0.412	0.758
TD-SD-SI-PLSR	0.398	1.168	0.391	1.165
TD-SD-SI-SVR	0.465	0.789	0.443	0.787

（续表）

模型	建模集		验证集	
	R_{cal}^2	$RMSE_{cal}$	R_{val}^2	$RMSE_{val}$
TD-SD-SI-GPR	0.478	0.737	0.446	0.757
TD-SD-SI-ANN	0.477	0.762	0.439	0.792

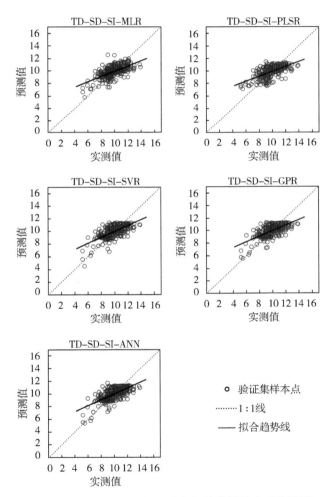

图 5-23 基于二阶导数光谱参数的黄桃糖度反演模型
验证集糖度实测值与预测值散点图

对比各模型建模集和验证集的 R^2 和 RMSE 可以看出，5 个模型的建模精度和验证精度总体高于基于原始反射率光谱参数的模型，低于基于一阶导数光谱参数的模型，也仍处于比较低的水平，其中精度最高的 TD-SD-SI-GPR 模型的 R_{cal}^2 仅为 0.478，R_{val}^2 仅为 0.446。结合图 5-23 可以看出，各模型验证集糖度的实测值与预测值构成的散点偏离 1:1 线严重，预测值与实测值差异比较大。这表明 $NDSI_{SD}$、RSI_{SD} 和 DSI_{SD} 3 个光谱参数也没有包含足够的黄桃糖度信息，仅依靠 $NDSI_{SD}$、RSI_{SD} 和 DSI_{SD} 3 个自变量构建的模型不能准确预测黄桃糖度值。

5.5.4 基于多元散射校正导数光谱参数的模型

选用 3 个基于多元散射校正光谱的与糖度相关性最大的光谱参数（$NDSI_{MSC}$、RSI_{MSC} 和 DSI_{MSC}）作为自变量，分别构建 TD-MSC-SI-MLR、TD-MSC-SI-PLSR、TD-MSC-SI-SVR、TD-MSC-SI-GPR 和 TD-MSC-SI-ANN 5 个黄桃糖度反演模型，模型建模集和验证集精度检验结果如表 5-32 所示，验证集糖度实测值与预测值散点图如图 5-24 所示。

表 5-32 基于多元散射校正导数光谱参数的黄桃糖度反演模型

模型	建模集		验证集	
	R_{cal}^2	$RMSE_{cal}$	R_{val}^2	$RMSE_{val}$
TD-MSC-SI-MLR	0.342	0.714	0.303	0.722
TD-MSC-SI-PLSR	0.323	1.238	0.282	1.266
TD-MSC-SI-SVR	0.328	0.772	0.307	0.799
TD-MSC-SI-GPR	0.348	0.708	0.297	0.747
TD-MSC-SI-ANN	0.352	0.709	0.308	0.735

对比各模型建模集和验证集的 R^2 和 RMSE 可以看出，5 个模型的建模精度和验证精度总体略高于基于原始反射率光谱参数的模型，但低于基于一阶导数光谱参数和二阶导数光谱参数的模型，仍处于较低水平，精度最高的 TD-MSC-SI-ANN 模型 R_{cal}^2 仅为 0.352，R_{val}^2 仅为 0.308。结合图 5-24 可以看出，各模型验证集糖度的实测值与预测值构成的散点偏离 1:1 线非常严重，测值与实测值有很大的差异。这表明 $NDSI_{MSC}$、RSI_{MSC} 和 DSI_{MSC} 3 个光谱参数所包含的黄桃糖度信息不足，仅依靠 $NDSI_{MSC}$、RSI_{MSC} 和 DSI_{MSC} 3 个自变量构建的模型不能准确预测黄桃糖度值。

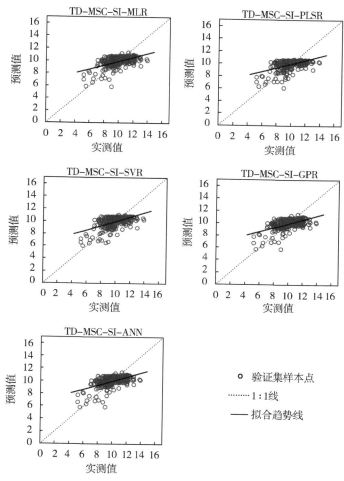

图 5-24　基于多元散射校正导数光谱参数的黄桃糖度
反演模型验证集糖度实测值与预测值散点图

5.5.5　小　结

　　基于光谱参数的各个黄桃糖度反演模型精度普遍较低，精度最高的 TD-FD-SI-GPR 模型的 R_{cal}^2 仅为 0.505，低于基于全波段和各类波段选择模型的精度，这说明基于光谱参数的简单模型精度无法满足黄桃糖度无损检测的需求。

5.6　基于综合变量的模型

使用相关系数法，选择各类形式光谱中与黄桃糖度相关系数最大的波段、以及多种光谱参数，共计 39 个变量（表 5-33），分别构建 TD-MIX-MLR、TD-MIX-PLSR、TD-MIX-SVR、TD-MIX-GPR 和 TD-MIX-ANN 5 个基于综合变量的黄桃糖度反演模型，模型建模集和验证集精度检验结果如表 5-34 所示，验证集糖度实测值与预测值散点图如图 5-25 所示。

表 5-33　综合变量

NDSI-Ref	DSI-FD	RSI-MSC	FD525	SD453	SD608	SD774	SD882
RSI-Ref	NDSI-SD	DSI-MSC	FD671	SD472	SD643	SD810	MSC443
DSI-Ref	RSI-SD	Ref-376	FD723	SD510	SD655	SD821	MSC566
NDSI-FD	DSI-SD	Ref577	FD793	SD548	SD692	SD856	MSC817
RSI-FD	NDSI-MSC	FD475	FD828	SD570	SD741	SD864	

表 5-34　基于综合变量的黄桃糖度反演模型

模型	自变量数目	建模集		验证集	
		R_{cal}^2	$RMSE_{cal}$	R_{val}^2	$RMSE_{val}$
TD-MIX-MLR		0.571	0.745	0.564	0.786
TD-MIX-PLSR		0.543	1.020	0.522	1.036
TD-MIX-SVR	39	0.551	0.738	0.551	0.778
TD-MIX-GPR		0.995	0.105	0.638	0.761
TD-MIX-ANN		0.660	0.717	0.601	0.786

对比各模型建模集的 R_{cal}^2 和 $RMSE_{cal}$ 可以看出，建模精度最高的模型是基于 GPR 算法的 TD-MIX-GPR 模型，R_{cal}^2 达到了 0.995，为同组所有模型中的最高值；$RMSE_{cal}$ 为 0.105。其次是基于 ANN 算法的 TD-MIX-ANN 模型，R_{cal}^2 为 0.660，$RMSE_{cal}$ 为 0.717。再次是基于 MLR 算法的 TD-MIX-MLR 模型，R_{cal}^2 为 0.571，$RMSE_{cal}$ 为 0.745。从次是基于 SVR 算法的 TD-MIX-SVR 模型，R_{cal}^2 为 0.551，$RMSE_{cal}$ 为 0.738。建模精度最低的是基于 PLSR 算法的 TD-MIX-PLSR 模型，R_{cal}^2 为 0.543，$RMSE_{cal}$ 为 1.020。

对比各模型验证集的 R_{val}^2 和 $RMSE_{val}$，结合图 5-25，各模型中，TD-

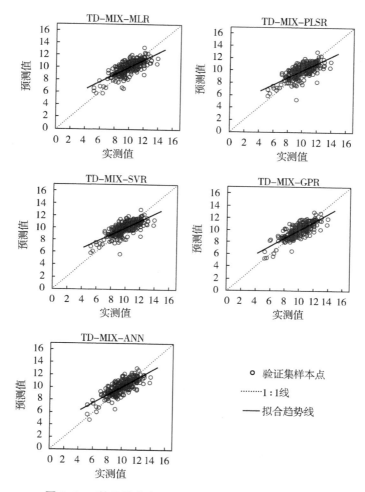

图5-25 基于综合变量的黄桃糖度反演模型验证集
实测值与预测值散点图

MIX-GPR 模型的验证精度相对较高，R_{val}^2 为 0.638，$RMSE_{val}$ 为 0.761；其次是 TD-MIX-ANN 模型，R_{val}^2 为 0.601，$RMSE_{val}$ 为 0.786；这两个模型验证集糖度的实测值与预测值构成的散点部分偏离 1:1 线较多，表明预测值与实测值有一定程度差异。再次是 TD-MIX-MLR 模型，R_{val}^2 为 0.564，$RMSE_{val}$ 为 0.786。从次是 TD-MIX-SVR 模型，R_{val}^2 为 0.551，$RMSE_{val}$ 为 0.778。TD-MIX-PLSR 模型的验证精度最低，R_{val}^2 为 0.522，$RMSE_{val}$ 为 1.036。这几

个模型验证集糖度的实测值与预测值构成的散点偏离 1：1 线较为严重，表明预测值与实测值有较大的差异。

综上分析，基于相关系数法的综合光谱数据构建的 5 个黄桃糖度反演模型中，TD-MIX-GPR 模型的建模精度较高（R_{cal}^2 为 0.995），但验证精度下降较多（R_{val}^2 为 0.638），模型稳定性不足。

总的来说，基于相关系数法的综合光谱数据构建的模型精度高于基于相关系数法的波段选择模型和基于光谱参数的模型，低于基于逐步回归法和连续投影法的波段选择模型，TD-MIX-GPR 模型能在一定程度上粗略地预测黄桃糖度值。

5.7 总 结

本研究采用不同类型光谱（原始反射光谱、一阶导数光谱、二阶导数光谱、多元散射校正光谱）、不同的变量选择方法（全波段法、相关系数法、逐步回归法、连续投影法）和不同的建模算法（多元线性回归、偏最小二乘回归、支持向量机回归、高斯过程回归、人工神经网络回归）进行组合，建立了 21 组、共计 84 个黄桃糖度反演模型。使用建模集和验证集的决定系数和均方根误差，以及验证集黄桃糖度的预测值和实测值构成的散点图，分别对各模型的精度进行分析。

从光谱类型的角度来看，在同种变量选择方法或建模算法中，大部分情况下基于一阶导数光谱的模型精度高于其他类型的光谱，其次是二阶导数光谱模型，基于这两类导数光谱的模型一般高于基于原始反射光谱和多源散射校正光谱的模型；原始反射光谱和多源散射校正光谱模型的精度没有显著的差异。

从变量选择的角度来看，在同种光谱类型或建模算法中，基于全波段的黄桃糖度反演模型精度高于使用其他波段选择的模型；其次是基于连续投影法和逐步回归法的模型；基于相关系数法波段选择的模型精度普遍较低；单纯以光谱参数为变量的模型精度最低。以多种类型光谱及光谱参数为变量的综合模型的精度处于中等水平。

从建模算法的角度来看，在同种光谱类型或变量选择方法中，大部分情况下基于高斯过程回归算法的模型精度比较高、稳定性也比较好。其次是基于支持向量机回归和人工神经网络算法的模型，精度和稳定性也相对较高。基于多元线性回归的模型常出现建模精度高、验证精度低的情况，模型稳定性不足。基于偏最小二乘回归算法的模型精度多数情况下都比较低。

因此，在不考虑模型复杂度的情况下，黄桃糖度反演模型的最优光谱类型为一阶导数光谱，最优变量选择为全波段，最优建模算法为高斯过程回归，最优模型为 TD-FD-All-GPR 模型。在简化模型中，精度较高的模型为基于逐步回归法波段选择的 TD-FD-SR-GPR 模型和基于连续投影法的 TD-FD-SPA-GPR 模型。

参考文献

蔡雪珍 . 2015. 基于近红外光谱技术分析的鲜食葡萄果实的无损检测与品质鉴定 [D]. 合肥：安徽农业大学 .

曹松涛 . 2017. 样品相关因素对梨糖度可见/近红外光谱检测影响的研究 [D]. 杭州：浙江大学 .

曹玉栋，祁伟彦，李娴，等 . 2019. 苹果无损检测和品质分级技术研究进展及展望 [J]. 智慧农业，1（3）：29-45.

陈建新 . 2018. 基于近红外光谱的苹果硬度便携式检测设备研究 [D]. 咸阳：西北农林科技大学 .

程武 . 2019. 樱桃番茄内部品质近红外光谱检测方法研究及便携式装置研发 [D]. 镇江：江苏大学 .

褚小立，刘慧颖，燕泽程 . 2016. 近红外光谱分析技术实用手册 [M]. 北京：机械工业出版社 .

褚小立，袁洪福，陆婉珍 . 2004. 近红外分析中光谱预处理及波长选择方法进展与应用 [J]. 16（4）：528-542.

丁玲玲 . 2016. 基于近红外高光谱图像技术对板栗果实的无损检测与品质鉴定 [D]. 合肥：安徽农业大学 .

樊书祥 . 2016. 基于可见/近红外光谱及成像技术的苹果可溶性固形物检测研究 [D]. 咸阳：西北农林科技大学 .

冯迪，纪建伟，张莉，等 . 2017. 苹果品质高光谱成像检测技术研究进展 [J]. 食品工业科技，38（10）：389-394.

冯迪 . 2017. 基于高光谱成像苹果外观与内部多指标检测研究 [D]. 沈阳：沈阳农业大学 .

高敏霞，冯新，赖瑞联，等 . 2018. 猕猴桃果实内在品质评价指标及影响因素研究进展 [J]. 东南园艺，6（4）：39-44.

郭成 . 2017. 在树果实品质快速检测的方法研究 [D]. 镇江：江苏科技大学 .

郭志明，郭闯，王明明，等 . 2019. 果蔬品质安全近红外光谱无损检测

研究进展 [J]. 食品安全质量检测学报, 10 (24): 8 280-8 288.

韩小珍, 辛世华, 王松磊, 等. 2013. 高光谱在农产品无损检测中的应用展望 [J]. 宁夏工程技术, 12 (4): 379-384.

何凤梨. 2007. 桃开心形冠层微气候与果实产量品质关系的研究 [D]. 咸阳: 西北农林科技大学.

贾敏, 欧中华. 2018. 高光谱成像技术在果蔬品质检测中的应用 [J]. 激光生物学报, 27 (2): 119-126.

蒋锦琳. 2019. 基于高光谱成像技术的辣椒疫病和品质分析研究 [D]. 杭州: 浙江大学.

蒋雪松, 周宏平. 2013. 基于遗传算法的农产品品质无损检测研究进展 [J]. 江苏农业科学 (12): 17-20.

李宏丽. 2014. 基于可见光/近红外光谱技术的黄桃糖度在线检测研究 [J]. 苏州市职业大学学报, 25 (3): 7-10.

李磊. 2018. 苹果成熟度与品质关联因子无损检测方法研究 [D]. 咸阳: 西北农林科技大学.

李龙, 彭彦昆, 李永玉. 2018. 苹果内外品质在线无损检测分级系统设计与试验 [J]. 农业工程学报, 34 (9): 267-275.

李敏. 2013. 近红外光谱技术在水果无损检测中的最新研究进展 [J]. 绿色科技 (10): 215-218.

李明. 2018. 水果品质可见/近红外光谱预测模型优化方法的研究 [D]. 北京: 中国农业大学.

李明周. 2018. 基于高光谱哈密瓜生长过程品质的检测研究 [D]. 阿拉尔: 塔里木大学.

李青青. 2017. 梨糖度可见/近红外光谱实时检测样品非相关因素影响及模型优化研究 [D]. 杭州: 浙江大学.

李瑞, 傅隆生. 2017. 基于高光谱图像的蓝莓糖度和硬度无损测量 [J]. 农业工程学报, 33 (S1): 362-366.

李尚科, 易智, 李跑, 等. 2019. 近红外光谱技术在柑橘无损检测中的应用 [J]. 中国果菜, 39 (12): 44-48.

李盛芳. 2018. 基于机器学习的水果糖分近红外光谱检测方法研究 [D]. 太原: 太原理工大学.

李伟强. 2017. 便携式猕猴桃糖度无损检测仪的研发 [D]. 咸阳: 西北农林科技大学.

刘超 . 2014. 基于可见近红外光谱与机器视觉信息融合的河套蜜瓜糖度检测方法研究 [D]. 呼和浩特：内蒙古农业大学 .

刘文涛 . 2015. 基于高光谱成像技术的苹果品质无损检测研究 [D]. 保定：河北农业大学 .

刘妍，周新奇，俞晓峰，等 . 2020. 无损检测技术在果蔬品质检测中的应用研究进展 [J]. 浙江大学学报（农业与生命科学版），46（1）：27-37.

刘燕德，邓清 . 2015. 高光谱成像技术在水果无损检测中的应用 [J]. 农机化研究（7）：227-231，235.

刘燕德，韩如冰，朱丹宁，等 . 2017. 黄桃碰伤和可溶性固形物高光谱成像无损检测 [J]. 光谱学与光谱分析，37（10）：3 175-3 181.

刘燕德，吴明明，孙旭东，等 . 2016. 黄桃表面缺陷和可溶性固形物光谱同时在线检测 [J]. 农业工程学报，32（6）：289-295.

刘燕德，应义斌 . 2004. 苹果糖分含量的近红外漫反射检测研究 [J]. 农业工程学报（1）：189-192.

刘窈君，杨艳萍 . 2020. 水果品质控制的无损检测技术应用及发展 [J]. 北方园艺（1）：152-157.

卢娜，韩平，王纪华 . 2017. 高光谱成像技术在果蔬品质安全无损检测中的应用 [J]. 食品安全质量检测学报，8（12）：4 594-4 601.

陆宇振，杜昌文，余常兵，等 . 2013. 红外光谱在油菜籽快速无损检测中的应用 [J]. 植物营养与肥料学报，19（5）：1 257-1 263.

路敏 . 2019. 基于近红外光谱的梨的可溶性固形物含量的无损检测 [D]. 兰州：兰州大学 .

吕刚 . 2013. 基于光谱和多光谱成像技术的葡萄内部品质快速无损检测和仪器研究 [D]. 杭州：浙江工业大学 .

罗娜，王冬，王世芳，等 . 2019. 太赫兹技术在农产品品质检测中的研究进展 [J]. 光谱学与光谱分析，39（2）：349-356.

马本学 . 2009. 基于图像处理和光谱分析技术的水果品质快速无损检测方法研究 [D]. 杭州：浙江大学 .

毛莎莎 . 2010. 基于光谱技术的甜橙果实内在品质检测及成熟期预测模型研究 [D]. 重庆：西南大学 .

孟留伟，杨良，王静禹，等 . 2017. 基于高光谱成像技术对桑葚品质无损检测的研究进展 [J]. 蚕桑通报，48（3）：9-14.

潘明康 . 2019. 基于高光谱成像技术的水果表面农药残留无损检测方法研究 [D]. 昆明：云南师范大学 .

任配培 . 2014. 基于可见/近红外光谱的苹果表皮叶绿素及类胡萝卜素检测与成熟度评价 [D]. 淄博：山东理工大学 .

宋雪健，王洪江，张东杰，等 . 2017. 基于近红外光谱技术的水果品质检测研究进展 [J]. 无损检测，39（10）：71-75.

孙海霞，张淑娟，薛建新，等 . 2018. 基于光谱和成像技术的果蔬质量检测研究进展 [J]. 光谱学与光谱分析，38（6）：1 779-1 785.

孙静涛 . 2017. 基于光谱和图像信息融合的哈密瓜成熟度无损检测研究 [D]. 石河子：石河子大学 .

孙力，林颢，蔡健荣，等 . 2014. 现代成像技术在食品/农产品无损检测中的研究进展 [J]. 食品安全质量检测学报，5（3）：643-650.

孙梅，付妍，徐冉冉，等 . 2013. 基于高光谱成像技术的水果品质无损检测 [J]. 食品科学技术学报，31（2）：67-71.

唐长波，方立刚 . 2013. 黄桃可溶性固形物的近红外漫反射光谱检测 [J]. 江苏农业科学，41（11）：331-333.

田海清 . 2006. 西瓜品质可见/近红外光谱无损检测技术研究 [D]. 杭州：浙江大学 .

田华，汪金萍，王远 . 2018. 圣女果品质特征及检测技术研究进展 [J]. 食品研究与开发，39（11）：204-209.

童庆禧，张兵，郑兰芬 . 2006. 高光谱遥感——原理、技术与应用 [M]. 北京：高等教育出版社 .

屠振华，籍保平，孟超英，等 . 2009. 基于遗传算法和间隔偏最小二乘的苹果硬度特征波长分析研究 [J]. 光谱学与光谱分析，29（10）：2 760-2 764.

王浩云，李晓凡，李亦白，等 . 2020. 基于高光谱图像和 3D-CNN 的苹果多品质参数无损检测 [J]. 南京农业大学学报，43（1）：178-185.

王浩云，李亦白，张煜卓，等 . 2019. 基于光子传输模拟的苹果品质高光谱检测源探位置研究 [J]. 农业工程学报，35（4）：281-289.

王铭海 . 2013. 猕猴桃、桃和梨品质特性的近红外光谱无损检测模型优化研究 [D]. 咸阳：西北农林科技大学 .

王顺，黄星奕，吕日琴，等 . 2018. 水果品质无损检测方法研究进展 [J]. 食品与发酵工业，44（11）：319-324.

王转卫.2018.基于介电频谱与光谱技术的水果内部品质无损检测方法研究［D］.咸阳：西北农林科技大学.

吴辰星.2017.融合多源信息的苹果霉心病在线检测方法研究［D］.咸阳：西北农林科技大学.

吴龙国，何建国，贺晓光，等.2013.高光谱图像技术在水果无损检测中的研究进展［J］.激光与红外，43（9）：990-996.

谢一顾.2016.冰糖橙果实的品质评价与无损伤品质检测分级技术研究［D］.长沙：湖南农业大学.

徐苗.2017.基于激光散射图像检测水果糖度和硬度的便携式仪器的设计与开发［D］.南京：南京农业大学.

徐赛，孙潇鹏，张倩倩.2019.大型厚皮水果的无损检测技术研究［J］.农产品质量与安全（5）：30-35.

杨宗渠，李长看，雷志华，等.2015.辐射处理对水果品质影响的研究进展［J］.食品科学，36（23）：353-357.

张德虎，田海清，刘超，等.2014.可见近红外光谱检测河套蜜瓜糖度和硬度研究——基于 LS-SVM［J］.农机化研究，36（2）：10-14.

张德虎，田海清，武士钥，等.2015.河套蜜瓜糖度可见近红外光谱特征波长提取方法研究［J］.光谱学与光谱分析，35（9）：2 505-2 509.

张晋宝.2016.高光谱技术在苹果检测中的应用［D］.吉林：东北电力大学.

赵凡.2016.基于高光谱图像技术无损检测猕猴桃的内部品质［D］.咸阳：西北农林科技大学.

赵英时.2013.遥感应用分析原理与方法［M］.北京：科学出版社.

周小魏，王德钢，努尔买买提，等.2019.阿克苏地区富士苹果"糖心"品质的分析研究［J］.塔里木大学学报，31（2）：60-65.

Arakawa M, Yamashita Y, Funatsu K. 2011. Genetic algorithm-based wavelength selection method for spectral calibration［J］. Journal of Chemometrics, 25（1）：10-19.

Beghi R, Giovenzana V, Tugnolo A, et al. 2018. Application of visible/near infrared spectroscopy to quality control of fresh fruits and vegetables in large-scale mass distribution channels: a preliminary test on carrots and tomatoes［J］. Journal of the Science of Food and Agriculture, 98（7）：2 729-2 734.

Bureau S, Ruiz D, Reich M, et al. 2009. Rapid and non − destructive analysis of apricot fruit quality using FT−near−infrared spectroscopy [J]. Food Chemistry, 113 (4): 1 323−1 328.

Carlini P, Massantini R, Mencarelli F. 2000. Vis − NIR measurement of soluble solids in cherry and apricot by PLS regression and wavelength selection [J]. Journal of Agricultural and Food Chemistry, 48 (11): 5 236−5 242.

Cayuela J A. 2008. Vis/NIR soluble solids prediction in intact oranges (Citrus sinensis L.) cv. Valencia Late by reflectance [J]. Postharvest Biology and Technology, 47 (1): 75−80.

Choi J, Chen P, Lee B, et al. 2017. Portable, non−destructive tester integrating VIS/NIR reflectance spectroscopy for the detection of sugar content in Asian pears [J]. Scientia Horticulturae, 220: 147−153.

DoTrong N N, Erkinbaev C, Tsuta M, et al. 2014. Spatially resolved diffuse reflectance in the visible and near−infrared wavelength range for non−destructive quality assessment of 'Braeburn' apples [J]. Postharvest biology and technology, 91: 39−48.

Fan Y, Lai K, Rasco B A, et al. 2015. Determination of carbaryl pesticide in Fuji apples using surface−enhanced Raman spectroscopy coupled with multivariate analysis [J]. LWT−Food Science and Technology, 60 (1): 352−357.

Fraser D G, Jordan R B, Künnemeyer R, et al. 2003. Light distribution inside mandarin fruit during internal quality assessment by NIR spectroscopy [J]. Postharvest Biology and Technology, 27 (2): 185−196.

Jha S N, Chopra S, Kingsly A R P. 2005. Determination of Sweetness of Intact Mango using Visual Spectral Analysis [J]. Biosystems Engineering, 91 (2): 157−161.

Jha S N, Garg R. 2010. Non−destructive prediction of quality of intact apple using near infrared spectroscopy [J]. Journal of food science and technology, 47 (2): 207−213.

Lammertyn J, Peirs A, De Baerdemaeker J, et al. 2000. Light penetration properties of NIR radiation in fruit with respect to non−destructive quality assessment [J]. Postharvest Biology and Technology, 18 (2):

121-132.

Li J L, Sun D W, Cheng J H. 2016. Recent advances in nondestructive analytical techniques for determining the total soluble solids in fruits: a review [J]. Comprehensive Reviews in Food Science and Food Safety, 15 (5): 897-911.

Li X, Wei Y, Xu J, *et al.* 2018. SSC and pH for sweet assessment and maturity classification of harvested cherry fruit based on NIR hyperspectral imaging technology [J]. Postharvest biology and technology, 143: 112-118.

Lu R, Peng Y. 2006. Hyperspectral Scattering for assessing Peach Fruit Firmness [J]. Biosystems Engineering, 93 (2): 161-171.

López-Maestresalas A, Aernouts B, Van Beers R, *et al.* 2016. Bulk optical properties of potato flesh in the 500-1 900nm range [J]. Food and bioprocess technology, 9 (3): 463-470.

Monteiro S T, Minekawa Y, Kosugi Y, *et al.* 2007. Prediction of sweetness and amino acid content in soybean crops from hyperspectral imagery [J]. ISPRS Journal of Photogrammetry and Remote Sensing, 62 (1): 2-12.

Oliveira–Folador G, de Oliveira Bicudo M, de Andrade E F, *et al.* 2018. Quality traits prediction of the passion fruit pulp using NIR and MIR spectroscopy [J]. LWT, 95: 172-178.

Pissard A, Baeten V, Dardenne P, *et al.* 2018. Use of NIR spectroscopy on fresh apples to determine the phenolic compounds and dry matter content in peel and flesh [J]. Biotechnology, Agronomy and Society and Environment, 22 (1): 3-12.

Pomares-Viciana T, Martínez-Valdivieso D, Font R, *et al.* 2018. Characterisation and prediction of carbohydrate content in zucchini fruit using near infrared spectroscopy [J]. Journal of the Science of Food and Agriculture, 98 (5): 1 703-1 711.

Pérez-Marín D, Torres I, Entrenas J, *et al.* 2019. Pre–harvest screening on-vine of spinach quality and safety using NIRS technology [J]. Spectrochimica Acta Part A Molecular and Biomolecular Spectroscopy, 207: 242-250.

Rowe P I, Künnemeyer R, McGlone A, *et al.* 2014. Relationship between tissue firmness and optical properties of 'Royal Gala' apples from 400 to

1 050nm [J]. Postharvest biology and technology, 94: 89–96.

Steidle Neto A J, Moura L D O, Lopes D D C, et al. 2017. Non–destructive prediction of pigment content in lettuce based on visible – NIR spectroscopy [J]. Journal of the Science of Food and Agriculture, 97 (7): 2 015–2 022.

Sun X, Dong X, Cai L, et al. 2012. Visible – NIR spectroscopy and least square support vector machines regression for determination of Vitamin C of mandarin fruit [J]. Sensor Letters, 10 (1–2): 506–510.

Sánchez M, Entrenas J, Torres I, et al. 2018. Monitoring texture and other quality parameters in spinach plants using NIR spectroscopy [J]. Computers and electronics in agriculture, 155: 446–452.

Zhang D, Xu L, Wang Q, et al. 2019. The Optimal Local Model Selection for Robust and Fast Evaluation of Soluble Solid Content in Melon with Thick Peel and Large Size by Vis–NIR Spectroscopy [J]. Food Analytical Methods, 12 (1): 136–147.

Zhang S, Zhang H, Zhao Y, et al. 2013. A simple identification model for subtle bruises on the fresh jujube based on NIR spectroscopy [J]. Mathematical and Computer Modelling, 58 (3–4): 545–550.